◎ 教育部人文社会科学研究青年基金项目"中国南沙群岛海洋科普服务平台的构建与应用研究"（课题编号：16YJCZH038）研究成果

◎ 广东省高校特色创新类项目（教育科研）"信息技术与师范教育多维度'耦合'模式的研究与实践——以岭南师范学院'未来教育空间站'为例"（课题编号：2016GXJK101）研究成果

◎ 广东省特殊儿童发展与教育重点实验室项目，特殊儿童心理评估与康复广东省高校哲社重点实验室开放基金项目成果

◎ 岭南师范学院广东沿海经济带发展研究中心项目成果

信息技术下海洋教育服务平台的构建与应用研究

CONSTRUCTION AND APPLICATION
OF MARINE EDUCATION SERVICE PLATFORM BASED
ON INFORMATION TECHNOLOGY

孔艺权　著

WUHAN UNIVERSITY PRESS
武汉大学出版社

图书在版编目(CIP)数据

信息技术下海洋教育服务平台的构建与应用研究/孔艺权著.—武汉：武汉大学出版社,2020.11
　　ISBN 978-7-307-21717-1

　　Ⅰ.信…　Ⅱ.孔…　Ⅲ.海洋学—普及教育—知识库管理系统—研究　Ⅳ.P7-39

中国版本图书馆 CIP 数据核字(2020)第 153989 号

责任编辑:胡　艳　　责任校对:汪欣怡　　整体设计:马　佳

出版发行：**武汉大学出版社**　（430072　武昌　珞珈山）
　　　　　（电子邮箱:cbs22@whu.edu.cn　网址:www.wdp.com.cn）
印刷:广东虎彩云印刷有限公司
开本:720×1000　1/16　印张:13　字数:179 千字　插页:1
版次:2020 年 11 月第 1 版　　2020 年 11 月第 1 次印刷
ISBN 978-7-307-21717-1　　定价:39.00 元

版权所有,不得翻印；凡购我社的图书,如有质量问题,请与当地图书销售部门联系调换。

目　　录

第一章 绪 论

第一节 相关问题的提出

2019 年 2 月 23 日，中共中央、国务院印发了《中国教育现代化 2035》，文件强调："充分利用信息技术，建设支持个性化教育的智能数字教育服务平台，实现数字教育资源共享。"本书探讨在中国教育现代化背景下，信息技术下海洋教育服务平台的构建与应用，以海洋科普教育为切入点，围绕中国南沙群岛海洋科普知识点，从信息技术和教育机制两方面促进海洋科学和海洋文化传播，为社会公众提供海洋科普教育服务，普及海洋知识，宣传海洋文化，加强公众海洋意识。

一、问题 1：海洋教育是什么？

首先我们得理解"海洋教育"的概念。海洋教育具有极强的综合性，涵盖面非常广，因此海洋教育很难有一个准确、简洁的定义，而且不同的学者有不同的角度和阐述。目前比较得到认同的海洋教育学观点是：海洋教育是培养受教育者的一种社会活动，是传承海洋文化、传递海洋科技和海洋生活经验的基本途径。在人海关系学中，"人"既是海洋教育中的主体，又是客体，需要充分考虑海洋教育中重要角色施教者和来自不同"人群"的受教者。其中，社会海洋教育是社会相关主体面向社会公众组织的海洋教育活动。当前，海洋教育主要采用渗透式教学手段，把海洋知识、海洋意识和海洋观等海洋教育渗透于课程知识体系中①。

二、问题 2：海洋科普教育与海洋教育之间有什么关系？

海洋教育依据不同的角度有着不同的分类，依据培养目标的角度有三种划分：初等海洋教育、中等海洋教育、高等海洋教育。其中，初等海洋教育的主要对象是中小学生和社会公众，利用信息技术手段，以浅显的、通俗易懂的方式，科学普及海洋科学和海洋文化知识，传播海洋科学思想、弘扬海洋科学精神的活动，是一种具有社会性、群众性和持续性特点的社会教育活动。

海洋科普教育属于初等海洋教育，主要面向中小学生和社会公众开展海洋科学技术和海洋文化知识普及教育。本书在探讨信息技术下海洋教育服务平台构建相关理论、技术和方法基础上，以海洋科普教育作为切入点，围绕中国南沙群岛海洋科普知识点，通过对海洋科学、海洋历史和海洋人文等原始数据进行多维空间整合和重构，建立数字化科普资源库系统，构建海洋教育信息化服务平台，从信息技术和教育机制两方面促进海洋文化和海洋意识传播，充分利用现代信息传播媒体，形成富有生机的社会化科普，为社会公众提供海洋科普教育服务。

三、问题 3：如何利用好信息技术方法论推动海洋教育？

信息技术与教育融合已成为我国教育发展的新常态。那么，如何利用好信息技术方法论推动海洋教育呢？海洋教育与信息技术的深度融合是推动个性化、智能化海洋教育的重要关键特征之一。新兴信息技术为海洋教育提供了崭新的呈现方式，以新兴信息技术为手段的海洋教育是顺应社会新发展要求的。现代化的信息技术使得海洋教育知识服务在个性化、互动性和智能性上有了长足的进步，交互式科教平台中复杂人因学问题以及使用情境的高度依赖性问题在富技术环境下有了实质性的进

---

① 崔凤. 中国海洋社会学研究 [M]. 北京：社会科学文献出版社，2013.

展。以信息技术为支撑，海洋教育服务平台借助富技术环境提供智能科学教育知识服务解决方案，将海洋科普教育知识的搜索、获取、展示、传播智能化，满足海洋教育多场景下的多元化、立体化、个性化服务，并优化海洋科学教育知识服务体验。

第二节　研究现状和意义

一、研究现状

　　基于信息技术的海洋教育是一项具有跨学科、综合性和应用性等众多特点的复杂系统工程。在国家海洋发展战略支撑下，我国在海洋空间数据、数字海洋、海洋信息化工程和数字海洋应用系统等建设方面取得了一定的成绩，特别是中国"数字海洋"信息基础框架的构建，为我国海洋教育提供了优质信息技术资源。

　　近年来，在海洋信息技术研究领域，国内学者杨峰、杜云艳、苏奋振等在 Web 服务与网络 GIS 技术基础上开发了海洋环境矢量场网络动态可视化共享系统；郭雪、姜晓轶和康林冲基于 Skyline 平台，构建了海岛海岸带模型、海底地形模型和水体模型等虚拟海洋场景；陈戈、李文庆和李小宁使用渲染、海洋生命路径规划和刻蚀动态纹理叠加等关键技术，动态展示了海洋生命行为模拟、行为仿真和海洋特效；赵新华和孙尧从电子海图中提取海洋地理信息数据，建立海洋地理实体模型库，自动生成海洋地理三维模型，实现海洋地理实体模型的动态装载；张峰、李昊倩和刘金等以 Skyline 软件平台为基础，阐述了数字海洋可视化系统的体系架构、功能设计和技术实现方法；孙晓宇、吕婷婷和高义基于分形学理论对我国的海洋环境预报产品信息展现形式进行了多维度分析，厘清预报产品的时空特征，选取可视化方法，为提高预报辅助决策提出指导意见。国外科研机构对海洋科普教育三维空间进行了技术攻关，例如 Google 公司开发出了 Google Ocean 虚拟的海洋世界软件，在三维可视化地球实现了海洋功能模块。教育技术视角下，学者祝智庭和李锋分析了教育系统要素的相互关系，梳理出行为系统、认知系统和学习生态系统等学习模型，提供了教育可计算化分析框架①。目前，海洋文化与海洋科普教育数字化传播、保护与开发中的很多问题亦处于不断探索之中。这些研究都为我们进行海洋科普教育提供了理论指导与方法借鉴。

随着5G技术、人工智能和云计算技术等现代信息技术的快速发展，信息技术在海洋教育知识服务领域的应用日益广泛和深入。在知识服务领域，知识空间是借助信息技术环境提供智能知识服务解决方案，将知识的搜索、获取、展示、传播智能化，满足教育多场景下的多元化和个性化服务，优化知识服务体验。学者陆雪梅对如何打造"以学习者为主"的知识空间进行了比较和研究，打破了现实生活中的时间和空间限制，总结出知识空间发展的趋势、服务方式及其他值得借鉴学习的地方。

近年来，随着综合交叉学科的发展，"数字人文"在海洋教育学术研究和应用实践中得到了新的发展。海洋教育的"数字人文"领域是一个文理综合交叉的"混合体"②，囊括了海洋人文和海洋信息科学两大研究领域。当前，国内对海洋科学的研究主要集中在海洋资源的分析和开发策略上。在"数字人文"领域，以海洋文化与信息技术融合的视角对海洋科普教育产业建设进行系统探讨的理论研究还未形成，但是其研究趋势早已显露，且重要性日益明显。通过教育学、历史学、地理学、文化产业学、计算机信息科学和传播学等众多学科理论无缝隙交叉融合，海洋科普教育的信息服务平台、知识空间、可视化海洋科普教育、面向游戏化学习、服务平台运行等"数字人文"研究和应用才能够得到

---

① 祝智庭，李锋. 教育可计算化的理论模型与分析框架[J]. 电化教育研究，2016，37(1).

② 张诗博."数字人文"背景下雷州文化研究数字化的发展对策[J]. 广东海洋大学学报，2015，35(5).

充分的保障，促进海洋文化和海洋意识传播，从而为社会公众提供更好的科普服务。

二、研究意义

人类与海洋的发展密切相关，人类对海洋的感受、认识、利用和保护将影响地球环境的变化与人类文化的发展。我们对海洋的重视和保护不仅关系到国家主权的维护，也关乎国民长期发展的福祉。宏观上来说，海洋教育的重点，目的在于培养人们树立正确的海洋价值观，让人们正确认识海洋、利用海洋和保护海洋，培育人们的海洋可持续发展意识，从而达到人与海的关系平衡。

中国是海洋大国，管理着 300 万平方千米的海洋国土面积。党的十九大报告提出了"加快建设海洋强国"的重大任务目标，我国全社会对海洋相关主题保持高度的热情。由于我国长期以来在海洋教育方面并没有一个完善的制度，且海洋教育的模式多是通过海洋相关社会议题零碎地体现在其他学科中，所以目前我国海洋教育仍然处在探索阶段。历史上，我国国民长期处于海洋意识薄弱阶段，海权意识比较匮乏。近年来，南海问题成为社会公众所关注的热点问题，特别是中国南沙群岛领土争端问题。南沙群岛丰富的油气资源是海洋开发的重要基地，对于我国主权权益、国防安全、经济发展具有重要的现实意义和长远发展的战略意义。在当前形势下，通过中国南沙群岛海洋科普，可以让人们充分认识南沙群岛的历史、自然和人文等原始信息及其内涵，所以加强海洋科普教育具有必要性和重要性。加强海洋教育，增强人们对海洋知识的了解，培养人们对海洋事业的兴趣，也正是加强海洋教育的意义所在。作为未来国家发展战略中的重要一环，加强全民海洋意识教育、培育全民海洋意识刻不容缓。国民亲海、知海、爱海的海洋意识实质上也是一种爱国意识的体现，加强海洋科普教育将助力我国海洋事业新发展。

通过对海洋科技文化，特别是中国南沙群岛历史、海洋文化和海洋人文等原始数据进行多维空间整合和重构，可建立数字化科普资源库系统，构建海洋教育服务平台。科普服务平台构建南沙群岛历史事件和地理信息图谱的时空特征科普库，制作海洋科普教育资源包，实现三维化、时态化和互动性科普，实施海洋科普服务应用工程，研究科普服务平台教育机制，适应复杂网络环境下面向海洋科普服务的大数据集成分析与服务，促进海洋文化和海洋意识传播，为社会公众提供海洋科普服务，加强公众海洋意识，维护国家海洋权益，具有重要的现实意义。

在"数字人文"领域，本书以海洋文化与信息技术融合的视角对海洋教育服务平台建设进行了系统探讨，融合教育学、历史学、地理学和传播学等诸多学科理论，为海洋科普教育提供信息技术研究工具，进行知识化、可视化、游戏化海洋科普教育设计与应用，具有较强的理论和实际应用价值。

第三节 研究目标和内容

一、研究目标及研究重难点

(一)研究目标

本书在探讨信息技术下海洋教育服务平台构建相关理论、技术和方法的基础上，以海洋科普教育作为切入点，围绕中国南沙群岛海洋科普知识点，通过对海洋科学、海洋历史和海洋人文等原始数据进行多维空间整合和重构，建立数字化科普资源库系统，构建海洋教育服务平台。海洋教育服务平台通过建立海洋文化历史事件和地理学信息图谱的时空特征科普库，制作海洋科普教育资源包，实现个性化、时态化和互动性海洋科普教育。

本书研究信息技术下海洋教育知识服务模型构建及其原型系统开发，包括数据库的建立、推理策略、控制策略、冲突消解等，把实践性知识提升嫁接到海洋教育知识服务系统，以促进其实践性知识发展，提供智能化的海洋科普教育知识服务软件平台。本书研究海洋教育服务平台教育机制及实证分析，以适应复杂网络环境下面向海洋科普服务的大数据集成分析与服务，并从信息技术和教育机制两方面促进海洋文化和海洋意识传播，充分利用现代信息传播媒体，形成富有生机的社会化海洋科普教育知识体系，为社会公众提供海洋科普教育服务。

(二) 研究重点

以海洋科普教育作为切入点，围绕中国南沙群岛海洋科普知识点，通过对海洋科学、海洋历史和海洋人文等原始数据进行多维空间整合和重构，建立数字化科普资源库系统，构建海洋教育信息化服务平台。通过建立南沙群岛历史事件和地理学信息图谱的时空特征库，探讨可视化海洋科普教育设计方法与应用，以及游戏化学习理念下海洋科普教育设计与应用，研究海洋教育服务平台运行机制，以适应复杂网络环境下面向海洋科普教育服务的大数据集成分析与服务，促进海洋文化和海洋意识传播。

(三) 研究难点

(1)本研究跨学科、综合性要求高。在"数字人文"领域，以海洋文化与信息技术融合的视角对海洋教育服务平台建设进行系统探讨，融合教育学、历史学、地理学和传播学等诸多学科理论，为海洋科普教育提供信息技术研究工具，进行知识化、可视化、游戏化海洋科普教育设计与应用。

(2)数量颇多的海洋人文形态，其存在、产生、展示与传播数据结构类型比较复杂，合理应用现有教育技术开发模式，把零散的海洋人文知识有效融合成具有一定黏性的游戏主题，以数字文化形态叠加于信息媒介载体。

二、研究内容

项目研究内容框架以"海洋教育"为中心，把海洋科普作为切入点，围绕中国南沙群岛海洋科普，利用教育信息技术方法，主要进行了以下几方面研究：

(一)面向知识服务的海洋教育服务平台的构建与应用

知识空间是一种新型的科学教育知识服务模式,打破了传统物理空间、传播手段、内容服务的界限,让用户可以享受互动性和智能性知识体验。面向知识服务的海洋教育服务平台是以信息技术为支撑实现海洋教育为目标的知识服务平台。平台借助信息环境提供智能海洋科普教育知识服务解决方案,将海洋科普教育知识的搜索、获取、展示、传播智能化,满足海洋科普教育多场景下的多元化、立体化、个性化服务,优化海洋科学教育知识服务体验。

(二)可视化海洋科普教育设计方法与应用

在可视化教育体系中,可视化是学习者在学习教学过程中理解复杂知识的有效手段,数据可视化是一种使数据可见、可用和清晰的策略,供学习者构建、组织、评估、注释知识并建立沟通。例如,对"南沙群岛曾经发生过什么重大历史事件?"这一问题,在南沙群岛历史事件和争端信息方面,前期研究主要以文字材料描述为主,造成历史事件时间和空间细节情况获取费时、费力,从宏观、中观、微观了解争端的时空关系难度增大。而通过可视化时空视图形式辅助呈现南沙群岛历史事件,对事件要素的空间结构与时空规律进行建模,则可用知识图谱来轻松表达南沙群岛历史事件的时空变迁过程。

(三)面向游戏化学习的海洋科普教育应用

在传统的计算机游戏理论中,游戏设计包含游戏设计原则、游戏设计模式、游戏机制、游戏设计单元的概念模型、游戏设计方法和设计过程等复杂体系。本书以游戏化学习理念下海洋科普教育游戏设计为例,探讨海洋科普教育游戏设计特征、设计元素、动力机制设计、叙事设计和交互设计等几方面内容,尝试将游戏化学习理念融合到海洋科普教育课程之中。在游戏化学习理念下海洋科普教育游戏开发过程中,我们需要参考相关科普教育游戏开发经验,以海洋科普(如中国南沙群岛海洋科普)内容为载体,着重从交互设计、以学习者为中心和学习效果等方面加强研究和实践,结合信息科学技术,为学习者带来虚拟仿真、全息的海洋环境与景观，实现时态化和互动性数字化海洋科普教育游戏。

(四)海洋教育服务平台运行机制

数字化海洋科普教育资源应用和海洋教育知识服务过程中将产生海量数据，为信息化资源的合理利用、二次开发、质量评价等提供了挖掘基础。数据驱动下科学教育知识服务分析根据用户特征进行细分，以实现知识推送的有效性和精准性。

在教育资源共享池的架构下，用户数据特别是敏感性的数据(例如个人隐私数据)需要做好保密工作，以防数据误用和滥用导致用户数据泄露。在"云端"的线上教育平台面临数据保密和用户访问控制等安全问题，亟待构建可靠的信息安全机制。为了满足"云端教育"大规模访问和海量数据交互的要求，平台网络的高效稳定运行必须从技术层面和管理层面得到重视和建设。以海洋教育服务平台网络架构为例，本书对平台网络生态系统中关键节点进行网络冗余设计，可以有效地保障平台网络的稳固运行和数据服务。

第四节　研究思路和方法

一、研究思路

本书以海洋科技文化，特别是中国南沙群岛海洋科普教育为载体，以为社会公众提供海洋科普教育知识服务为目标，借助于信息技术学相关领域的研究范式，探讨海洋科普教育的知识服务方案，构建海洋科普教育知识服务模型，对如何应用信息技术手段来促进海洋教育知识服务的问题展开深入的研究，提出相应的知识服务措施和构建信息技术下海洋教育服务平台，为海洋科普教育提供知识服务。

本书的研究思路如图 1-1 所示，借助于教育生态学、管理学以及信息科学等相关领域的研究范式，沿着"文献分析、现状调研、顶层设计、模式构建、应用实践、效果分析与模式优化"的基本技术路线进行研究。

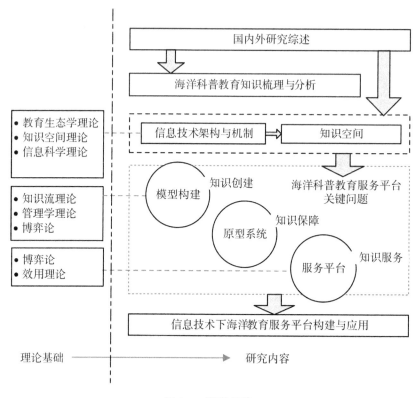

图 1-1 研究思路

本书的研究技术路线如图 1-2 所示,先分析海洋科普教育的基础、核心、方法和目标,依据理论框架、设计模式、交互机制和实施规划,构建海洋教育知识服务模型;通过海洋教育理论与实践结合、多元化合作理念、专业化技术支撑和多元化评估路径,设计系统平台功能模块,利用多维度信息技术手段,构建信息技术下海洋教育服务软件平台。

海洋教育服务软件平台首先利用数字化技术对海洋科技文化,特别是中国南沙群岛历史、自然和人文等原始信息进行数据采集、整合和重构，建立完整的海洋科普教育数据库，然后通过计算机后台合成技术，建立海洋历史事件和地理信息图谱的时空特征库，集成海洋科普教育资源包(数字科普教育游戏、数字科普电影和动画作品)，实现数字化海洋教育服务平台，最后实施海洋教育服务平台应用工程，研究海洋教育服务平台运行机制，为社会公众提供海洋科普教育服务。

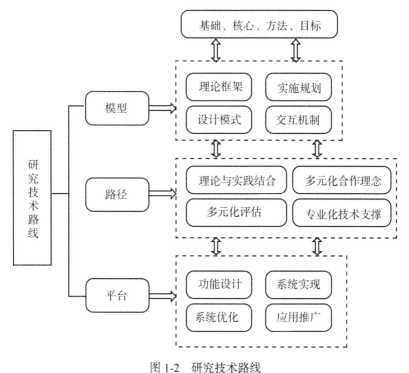

图 1-2　研究技术路线

(一) 数据获取

数据获取主要以"海洋""海洋科普"和"海洋教育"等关键词，查找国内外期刊或会议论文文献资源，结合网络搜索引擎或网络爬虫技术采集数字资源等，进行文献和数字资源分类筛选，获取海洋科普教育相关事件数据和知识空间数据，并将其存入系统数据库中，方便事件数据和知识空间数据的管理和使用。

(二)数据预处理

随着现代复杂网络信息技术的快速发展，数字化学习资源形态发生了重大变化，计算编码呈现出新型化和复杂化特征。海洋教育服务平台数据预处理主要包括平台数据选择、平台数据清理和平台数据变换。

(1)平台数据选择：对平台数据集去噪，选择符合条件的平台数据；

(2)平台数据清理：对平台数据集去重、填充数据缺失值；

(3)平台数据变换：对平台数据进行转换，满足平台相关功能的需要。

(三)平台构建流程

海洋教育服务平台构建遵循理论研究与实验研究相结合的原则，具体构建流程如图1-3所示，将整个设计开发周期划分为项目计划、可行性研究、需求分析、总体设计、海洋历史事件和地理学信息图谱的时空特征科普库设计、科普作品设计、数字科普教育游戏脚本设计、3D模型构建、虚拟交互集成、Web界面开发、程序编码、平台测试和平台评价等十几个关键活动。在设计开发过程中，自顶向下、相互衔接、相互制约，同时根据软件工程思想和设计开发的过程开展项目。

(四)研究海洋教育服务平台相关应用

研究海洋教育服务平台相关应用包括：面向知识服务的海洋科普教育应用、可视化海洋科普教育设计方法与应用、面向游戏化学习的海洋科普教育应用和海洋教育服务平台运行机制。充分利用现代信息传播媒体，形成富有生机的社会化科普，为社会公众提供海洋科普教育服务。

二、研究方法

(一)跨学科研究法

充分运用教育技术和信息技术等综合交叉学科研究方法，对海洋教育服务平台构建与应用相关知识点进行跨学科研究。在研究知识空间技

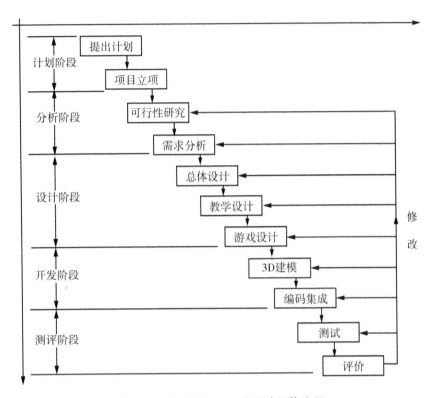

图 1-3 海洋教育服务平台构建具体流程

术、游戏化海洋科普教育软件产生的基础上，需要融合教育学、历史学、地理学、文化产业学、计算机信息科学和管理学等诸多学科理论，为海洋科普教育提供信息技术研究工具，进行知识化、可视化、游戏化海洋科普教育设计与应用，探讨兼具"游戏性"和"教育性"游戏化海洋科普教育软件的设计思路与方法。

(二) 文献法

查找国内外期刊文献资源，了解信息技术下海洋科普教育的研究现状，掌握海洋教育服务平台构建与应用相关理论和技术方案。通过海洋科普教育研究现状、基础理论和技术方案分析，进一步梳理海洋科普教育相关信息，确定服务平台问题研究的核心范畴，明确信息技术下海洋

13

教育服务平台构建的新理念、新方法和新思路，建立数字化科普资源库系统，构建海洋教育服务平台。

（三）静态分析和动态分析法

海洋教育和信息技术在发展的过程中呈现动态的、时空演进的特征，因此，在海洋教育和信息技术融合应用过程中，综合利用静态分析和动态分析两种分析方法，不仅对海洋教育和信息技术手段进行静态分析，而且还在新技术不断演化的基础上，对海洋教育服务平台构建理论、技术和方法论等方面进行动态分析。

（四）案例分析法

在案例分析法实施过程中，本书理论和实践相结合，对海洋科普教育资源数字化应用进行调研，分析海洋教育服务平台构建和应用所存在的问题，参考国内外海洋科普教育相关案例，深入细致地剖析典型案例所涉及的相关问题，以适应复杂网络环境下面向海洋科普教育的数据集成和知识服务。

第二章　信息技术下海洋教育
服务平台构建

随着网络速度的提升，特别是 5G 网络技术的发展，信息技术系统越来越成熟。以学习者为中心的海洋教育多领域数字化知识服务是海洋教育的重要特征之一。在丰富信息技术资源基础上，海洋教育服务平台需要发展和实践众多信息化主题，例如海洋教育服务信息共享、海洋知识服务信息质量、海洋学习知识信息获取、海洋教育资源信息使用和优质海洋教育资源信息传播。

在信息技术与教育的深度融合学术研究领域，信息技术与教育两者关系的研究从最初的"整合"阶段逐步发展到"融合"阶段，全方位探讨了两者深度融合的方方面面，例如信息技术与教育的深度融合的必要性、教学要素以及具体举措。信息技术与教育深度融合模型强调了信息技术与教育服务融合、人和信息技术融合、实体空间和虚拟空间融合，形成信息技术完全融入"学习"的教育信息生态①。同时，信息技术与教育深度融合也强调了信息技术与信息技术之间、信息技术与学习者之间知识信息的无缝流通和学习认知的分布均衡。

当前，信息技术不断发展，学习环境发生范式转变，海洋教育也需要适应信息技术时代的新要求。在充满新信息技术元素的环境下，海洋教育服务平台面临着具有革命性的新技术体系——智慧教育。智慧教育是一种社会生态学，理解和实践智慧教育背后的过程需要构建一个社会

---

① 余胜泉. 从数字教育到智慧教育[J]. 中小学信息技术教育，2014(9).

生态学框架。从教育生态学的角度来看，智慧教育的信息技术会影响其生态和周围环境。信息技术进步和智慧教育以不同的速度变化，可能会导致我们对智慧教育的理解产生冲突。在日益复杂的技术性反应中做出更明智的回应，讨论变革性学习的作用和在教育实践中学习智慧的方法，这些新的智慧教育研究观点丰富了我们对实践智慧教育的理解和探索。信息容易获得，知识和智慧却不易获得，海洋教育服务平台以创造知识和帮助学习者获得智慧为目标，以人工智能技术为主体，采用语义本体技术，融入具有时代元素的学习需求，如教育知识个性化服务、数字化游戏学习和知识可视化体验等。

网络学习空间打破了传统教育的物理空间限制，具有交互性、泛在性、服务性、社会性、可视性、绿色性等优点。在现代信息技术体系支撑下，海洋教育服务平台需要将各种先进的信息技术与海洋教育进行深度融合，利用信息技术，将海洋科学、海洋历史和海洋人文等原始数据进行多维空间整合和重构，建立数字化科普资源库系统，构建海洋教育服务平台，促使海洋教育与信息技术深度融合。海洋教育服务平台基于Internet网络，面向社会大众，特别是中小学用户，打通海洋教育时间、空间、内容和方式四个维度，实现传统线下教学与网络线上教学的多维度融合，促进海洋教育从单一固定的"自然时空"模式向信息技术支持下的"数字时空"模式转变和发展。

第一节　海洋教育服务平台构建理论

一、教育信息生态理论

信息管理系统是一个复杂的知识体系。在信息化时代，信息管理系统为人们信息管理带来极大方便，但也带来用户信息安全、信息发展不均衡、海量信息负荷过载等大量信息问题。为了处理好复杂的信息管理系统，研究人员将自然生态学的理论和方法引入到信息管理系统之中，并将自然生态学原理运用到信息管理系统问题研究过程，形成一门新兴的综合交叉学科——信息生态学，用信息生态理论来解决信息环境中各要素之间复杂的关联问题①。信息生态学的研究是基于对信息、知识、数据和信息处理系统之间现有相互关系的生态观。

在自然生态学跨领域研究过程中，西方学者 Lawrence Cremin 提出了教育生态学的相关概念，从自然生态学的角度，探究教育领域所产生的复杂现象和问题。教育信息系统是一个分布式的、灵活的和适应性强的信息技术系统，具有自组织、自操作、可扩展和持续性等特点。作为信息生态学理论与教育生态学的相互渗透和综合运用，教育信息生态问题日益成为现代教育信息管理研究热点问题。教育信息生态系统由各种相互影响、相互促进教育信息要素构成，任何教育信息要素不是静态排列状态，而是动态地有机组合在一起。信息技术、教育者、学习者、教育环境和教育资源等教育信息要素相互作用，形成一个从简单到复杂的教育信息生态系统。教育信息生态理论不再片面强调信息技术的作用，而是综合考察教育信息体系中信息、人、技术和环境等要素，审视信息技术困境所引发的诸多问题，为教育信息系统构建提供了新视野。

随着教育信息环境的变化，以信息技术为核心的局限性的信息管理模式存在制约教育信息管理效率的问题，破坏教育信息的生态平衡。教育信息管理需运用生态系统理论和方法进行思考，从生态系统的角度构建教育信息系统的生态。一个良好的教育信息生态，体现于各部分的系统结构和功能相互适应、动态平衡和协调。建设教育信息系统时，除了关注信息技术和信息网络的作用，还应注意学习者的发展和信息环境之间的相互适应，以避免生态信息失衡，同时应合理运用数字技术推动数字生态系统的发展。

本书在海洋教育实践过程中综合应用信息技术与海洋教育信息生态

---

① 肖希明，唐义．信息生态理论与公共数字文化资源整合［J］．图书馆建设，2014（3）．

性指导理论,构建了"教育-空间-技术"信息生态理论模型,如图 2-1 所示。该模型包含海洋教育服务平台教育、空间、技术三个相互联系、相互影响的环节,并且教育、空间和技术这三个环节形成一个因子迭代循环。海洋教育服务平台在进行功能需求分析、平台架构设计、平台技术实现、平台部署运行和平台测试评估时,都要考虑教育、空间和技术中任何一个环节之间相互影响关系。

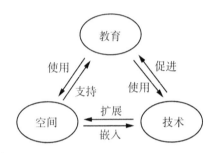

图 2-1　"教育-空间-技术"信息生态理论模型

　　"教育-空间-技术"信息生态模型考虑海洋教育服务平台的生命周期,分别从模型三个要素(教育、空间和技术)分析和解决"平台构建理念与设计""技术支撑与实现"和"教育实施与运作"等几个阶段的如下具体问题:

　　(1)海洋教育如何合理使用海洋教育服务平台开展教学任务,而海洋教育服务平台需要怎么样的功能模块才能支持教育理念的实施,构建差异化、弹性化、定制化、过程化和开放化海洋教育系统?

　　(2)技术通过什么手段才能进一步扩展海洋教育服务平台的功能模块,而海洋教育服务平台又如何有效嵌入到技术中去,拓展非正式化、个性化和泛在化的学习模式?

　　(3)海洋教育需要使用什么样技术才能满足自身培养目标要求?从技术环节方面,考虑如何发挥相应优势去促进海洋教育培养目标实现,从"技术输入""技术运用"和"技术输出"三个层面的动态联合打造海洋教育的生态系统？

信息技术与海洋教育和谐发展的生态性特点：在时间和空间维度下，海洋教育知识空间结构和功能根据学习者使用情况的动态协调发展。从教育信息生态学特征的视角来考虑，信息技术与海洋教育组合是学习者、知识和技术的高度融合体，具有产业链完整性、知识传播性和用户共生性等生态特征。富技术环境下海洋教育服务平台的生态性需要符合以下特性：

(1)海洋教育内容开放性(海洋自然环境、海洋资源和海洋文化)；

(2)传播载体多样性(多媒体、多介质、多渠道、全时空和多终端)；

(3)学习形态交互性(项目式、协同式和混合式学习)。

二、教育与技术"耦合"理论

在教育学研究领域上，学者曾茂林提出了教育与技术"耦合"创新式观点：耦合性问题广泛地存在于教育技术理论研究与实践之中，教育与技术研究由"整合"发展到"融合"，再由"融合"上升到"耦合"。"耦合"相对"整合"和"融合"，关联层次更高，具有能量交换、转化、共振、同频率等心理、教育学信息转化特征。根据教育过程的发展需要，教育者应从教育手段、教学设计和教育信息组织等多方面，围绕教学需要组成全面耦合技术①。

"耦合"是人类社会的一种自然物理现象。"耦合"的基本原理是两个或多个系统(单元)之间存在某种或多种关联现象，每个耦合系统(单元)的属性相互影响、交错重叠，当耦合系统(单元)的属性发生变化时，耦合结果是形成一个属性不可分割的整体②。"耦合"相关理论现

---

① 曾茂林. 教育场视野中的教育技术原理[J]. 现代教育技术, 2011, 21(9).

② 朱德全, 许丽丽. 技术与生命之维的耦合：未来教育旨归[J]. 中国电化教育, 2019(09).

被广泛引申和应用于自然科学和社会科学综合交叉领域。

技术环境涵盖计算机知识感知、知识表达、知识推理、系统规划、虚拟实现、人机交互、机器学习、数据分析和复杂计算等诸多技术领域。基于教育与技术"耦合"理论，海洋教育服务需求提供精准化的耦合技术，利用丰富的科学技术手段来聚焦科学化的融合要素(内容的数字化、传播载体的数字化和学习形态的数字化)，耦合成其所需要的海洋教育融合技术文化。本书基于过程视角划分海洋教育与技术耦合维度，构建海洋教育与技术耦合多维度模型如图 2-2 所示。

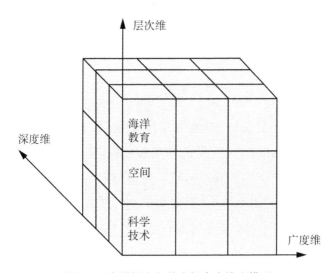

图 2-2　海洋教育与技术耦合多维度模型

图 2-2 中，海洋教育与技术耦合多维度模型中"广度维"主要体现在耦合范围上(如海洋教育中教学内容)的扩散，"深度维"主要体现在耦合应用方式上(如信息化教学手段)的演变，而"层次维"则体现科学技术与不同体系活动(如网络学习平台教学体系)的渗透与耦合，海洋教育与技术深度融合是一个耦合性、有机的动态过程。

该模型中"广度维""深度维"和"层次维"三个维度属性之间存在某种或多种关联现象。首先，每个维度分别体现耦合的不同侧面性，其中

"广度维"和"深度维"更多地体现了海洋教育与技术耦合的扩展性和复杂性，而"层次维"则主要表现了信息技术、教育空间和海洋教育三者之间的耦合关联性。海洋教育与技术耦合多维度模型中"广度维""深度维"和"层次维"三个维度的耦合会受到各种不同因素的相互影响。

(1)海洋教育与技术耦合广度划分和深度划分，把技术与海洋教育组织不同的交互状态程度定义为技术耦合的深度，而交互状态从量变到质变的演变过程就是海洋教育与技术耦合深度的升级过程。

(2)海洋教育与技术有机式耦合，达到有机式技术融合，即海洋教育体采纳技术后，为充分发挥技术的潜力，对教育体组织内部各要素及信息系统进行适度调整，使海洋教育与技术彼此能够有机地协调起来成为一个整体，依据其日益积累的技术化使用经验，开发并利用技术完成创新式海洋教育模式。

三、教育空间生产理论

信息技术的高速发展推动了社会生产力的飞跃发展，同时，社会生产力的发展促使了各式各样的社会空间产生。在社会空间研究领域，列斐伏尔"空间生产理论"因对当代人文社科重大问题有着深刻洞察力而备受推崇，理论研究和学科应用已经"本土化"和"内部化"，本书尝试应用其空间本体论和认识论的分析，解决海洋教育和现实热点对接问题。

列斐伏尔"空间生产理论"是一种基于社会科学问题的空间生产关系学研究理论。列斐伏尔"空间生产理论"认为空间是社会的产物，并建构了空间生产过程的三元一体理论框架。本书将列斐伏尔"空间生产理论"延伸至教育空间，形成基于列斐伏尔"空间生产理论"的教育空间生产理论。

(1)教育空间实践：教育空间知识生产和教育空间相关教育活动。

(2)教育空间表征：教育空间相关知识概念和知识形态所支配的空间。

（3）表征教育空间：教育生产关系学中所感知的、所构想的教育空间。

信息技术的推动下，教育生态新形态导致教育面临资源和服务转型新挑战。在社会空间不同学科趋向视野下，教育空间进入教育学者研究视阈，以新问题的提出、新方法的革新与新论域的建构回应了当代教育生态的急剧转型与深层困境，教育空间问题成了信息化与智能化时代的新动向与新议题①。教育空间应跳出简单物理空间的局限性，从资源整合和现代空间理论的高度，认识教育空间建设的意义与价值；深入认识现代信息技术背景下信息技术在空间建设中的特殊作用；在保证传统服务空间的基础上，重新审视现代教育空间设计，突破其对于创新性学习和知识创新模式的功能转型。

知识服务空间目前仍然处于继续完善之中，同时学术界对知识服务空间在理论上还有不同的看法，其核心内涵及其特征需要深入探讨。新兴信息技术在海洋教育建设中的运用是海洋教育知识服务空间重要特征之一。我国海洋教育的技术力量和新兴信息技术应用能力还不是很高，而教育空间转型离不开信息技术支撑。因此，新兴信息技术在教育空间建设中的运用是研究和实践中的一个难点。

本书以空间生产理论指导海洋教育空间建设，构建海洋教育空间生产理论模型，如图 2-3 所示，通过分析创新性学习和知识创新模式变革过程，准确认识用户需求的变化，有针对性地进行海洋教育的空间设置。在空间建设过程中，将物理空间与虚拟空间相结合，整合信息化技术力量强化学习、教学支持和学科服务功能，推动海洋教育的转型进程。知识服务空间的本质、特征和技术支撑，是教育空间转型研究的核心部分。其中，教育空间功能的重新定位是其空间转型的开端，信息技术转型是其空间转型的时间节点。服务模式转型的重点是通过学习共享

---

① 黄大军. 元空间的解码与新空间的探寻——当代西方空间理论的主题研究[J]. 湖北民族学院学报：哲学社会科学版，2018，36（1）.

空间为学习者协同学习提供支持和协助。只有以现代空间理论为指导，精心设计学习共享空间的实体环境，以系统平台技术、Web 与数字媒体技术、计算机网络技术等作为技术支撑，完善教育空间对其信息技术、人力资源、服务评价体系的配套机制，才能实现物理空间与虚拟空间有机耦合，通过用户在数字化范围的信息共享、对话和交流，实现知识创新和创新性学习。

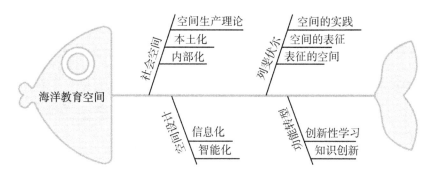

图 2-3 海洋教育空间生产理论模型

第二节 海洋教育服务平台构建技术

一、教育知识管理技术

知识管理是一项系统知识工程，其最初概念是在管理学领域形成的。为了有效进行教育知识管理，教育领域研究人员将管理学领域知识管理相关成熟理论延伸和应用于教育领域。教育知识管理领域涉及教育知识管理理论、教育知识管理模式、教育知识管理体系、教育知识管理技术、教育知识管理模型和教育知识管理绩效等众多方面，是知识管理生态的衍生。

知识管理 SECI 模型是知识管理中知识转化与创新的经典理论模型。

该模型在教育知识研究领域的应用受到广大学者的高度关注，模型结构
如图 2-4 所示，提出了四种知识转化过程：社会化（socialization）、外在
化（externalization）、组合化（combination）和内隐化（internalization）。通
过对学习个体与教育组织知识的转化过程及机理、影响知识转移的成功
与失败等相关因素进行研究，知识管理 SECI 模型是针对知识管理架构
而被提出的独特见解，对隐性知识与显性知识转化的社会化、内化、外
化和内隐化四种知识转化关系进行了系统阐述，为知识创造和知识管理
提出了创新的理论观点①。

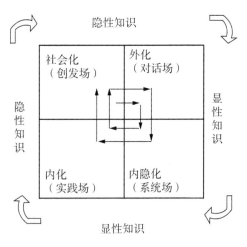

图 2-4　知识管理 SECI 模型结构

　　海洋教育服务平台的最主要目的是为了完善学习者的海洋知识体
系，实现海洋知识的转移。平台依据知识管理 SECI 模型，构建海洋教
育知识转化情境。教育知识转化具体过程需要各种"教育场"的相互配
合和帮助，"教育场"是教育知识分享、创造和使用的逻辑环境，可以
划分教育原创场、对话场、系统场和练习场等类型。海洋教育应为学习

---

① 张旭芳. 高校教师知识管理系统的研究与设计［D］. 北京：北京交通大
学，2009.

者创设各种合适的"教育场"，支持海洋的知识共享与创新。

　　在海洋教育过程中会慢慢地生产出许多的知识，知识是平台重要的资源财富。由于知识存储比较零散，使用不同的编码格式，面临知识共享、知识获取和知识利用等问题。海洋教育中，在信息技术支持下，利用教育学、管理学和计算机科学技术综合交叉方法可以有效解决如何管理知识的难题。

　　海洋教育知识管理需要教育知识管理的相关理论和技术，以信息技术为手段，创新知识网络平台，支持和强化系统组织中海洋教育知识的创造、存储、转移及应用过程，进一步扩展知识来源和加速知识信息集成和融合，保证海洋教育知识数据管理的安全性、高可用性和冗余性，提升海洋教育知识管理绩效。结合"教育场"知识管理相关理念，以知识本体功能为技术指导，海洋教育知识管理构建以知识本体为主要核心的螺旋式知识链。海洋教育知识管理螺旋式知识链如图 2-5 所示，知识链由知识需求订单、海洋知识分类、海洋知识获取、海洋知识共享、海洋知识创新、海洋知识存储和海洋知识传递等知识链组成。

图 2-5　海洋教育知识管理螺旋式知识链

二、语义 Web 技术

随着信息技术，特别是智能信息技术的发展，信息技术为海洋教育知识获取、创造、传播和利用等过程提供了技术支持。海洋教育知识管理系统引入了新的信息技术，采用的核心技术主要包括语义 Web 技术、本体技术、知识服务与可视化技术。

语义 Web 技术是能够根据语义进行判断和推理的智能网络，主要核心是通过给万维网上的文档标记成为能够被计算机所理解的语义规则，使整个互联网成为通用的数据交换媒介。语义 Web 技术扩展了传统互联网技术的智能应用，让计算机自动理解互联网编码的语义信息，满足互联网知识资源无缝连接和知识智能应用。语义 Web 技术体系结构如图 2-6 所示，它提供系列逻辑结构划分，描述语义 Web 技术层次关系，构建自描述文本、元数据、逻辑、规则和数字签名等技术体系，进行互联网知识语义表示和推理，满足互联网知识能被计算机自动分析和理解。

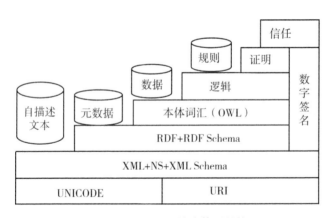

图 2-6　语义 Web 技术体系结构

本体技术是语义 Web 实现的关键技术，而本体构建是实现本体技术的重点。本体是一种系统语义描述的知识建模方法，可以用来描述教育知识的本质，为海洋教育知识管理系统的新发展和实施带来了契机。本书利用 OWL 来构建本体，构建具有本体的海洋知识领域模型和基于语义 Web 技术的知识应用程序，提供图形化的本体编辑环境和扩展结构，以关系数据库形式存储相关知识本体。

三、网络运维技术

随着信息技术的发展，信息系统复杂性问题日益突出，借助安全可靠的"网络运维技术"来保障信息系统高效运行，是信息系统"网络运维技术"的重要应用方向之一。在教育资源共享池的架构下，用户数据特别是敏感性的数据（例如个人隐私数据）需要做好保密工作，以防数据误用和滥用导致用户数据泄露。在"云端"的线上教育平台面临着数据保密和用户访问控制等安全问题，急需构建可靠的信息安全机制。以海洋教育服务平台网络架构为例，本书对平台网络生态系统中的关键节点

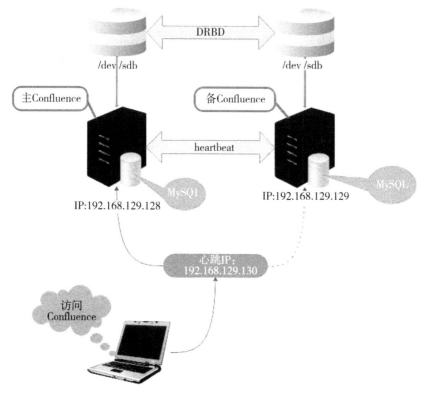

图 2-7　海洋教育服务平台网络运维结构

进行了网络冗余设计，可以有效保障平台网络的稳固运行和数据服务。海洋教育服务平台网络运维结构如图2-7所示，应用开源操作系统，使用开源数据库管理系统备份数据，防止服务器单点故障，实现知识文档高可用运维，具有稳定的性能。

第三节　海洋教育服务平台系统设计

一、数字化教育系统设计模型

随着教育信息化工程的不断推进，以网络通信技术为代表的数字化教育系统成为教育新型有效模式。数字化教育系统相对传统教学而言，可为学习者提供个性化教育资源，具有资源有效共享、重用等技术优势。本书采用的数字化教育系统设计模型如图2-8所示，为海洋教育服务平台提供系统技术框架解决方案。

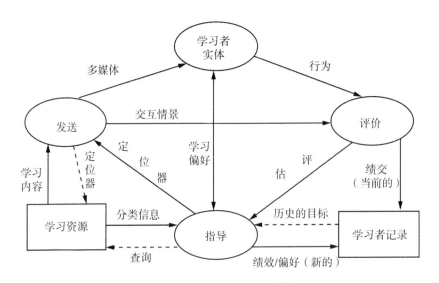

图 2-8　数字化教育系统设计模型

数字化教育系统设计模型由教育过程、教育存储和教育流程这几部分构成。

(1)教育过程：教育主体学习者实体，教育评价体系，教育指导模块和教育发送模块。

(2)教育存储：存储教育主体学习者相关记录和学习资源。

(3)教育流程：根据教育主体学习者学习偏好数据分析学习者的行为，产生评估信息，将当前的绩效存储在学习者纪录中；在分析学习者偏好信息过程中，建立教育查询、信息分类、精准学习情景定位器等模块，将学习内容、多媒体技术、交互情景设计体系化运用。

智能化是数字化教育系统的发展方向，知识本体是智能化教育系统的重要基础。基于本体的数字化学习系统体系结构中，学习者通过交互界面与系统进行交互功能，完成知识的自主学习过程，并对个人学习情况进行反馈。同时，数字化学习系统还可以帮助学习者开展后续的学习工作，有效辅导学习者进行个性化学习。语义 Web 环境下基于本体的数字化学习系统应用体系结构中，通过学习者本体及课程本体的设计，可以帮助学习者有效学习。

二、信息技术下海洋教育服务平台设计

(一)面向语义 Web 智能数字化学习系统结构设计

面向语义 Web 智能数字化学习系统结构如图 2-9 所示，该系统结构由以下功能部分组成：系统 Web 用户、本体访问层、教育资源 OWL 本体库、信息集成层以及语义 Web 环境，其中信息集成层又包括教学策略生成的教学工具和教学资源的数据描述。教育资源 OWL 本体库包含学习本体和课程本体等本体识破资源，例如，课程本体主要是按照课程内容概念，分层次结构进行课程内容概念分解，并对课程内容间的关系进行描述，以帮助学习者有效自主定位学习知识点。

(二) 基于人工智能海洋教育服务平台框架设计

学习者情感计算将情感识别因素引入基于人工智能的海洋教育服务

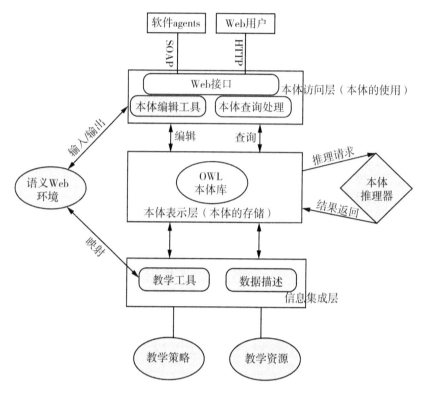

图 2-9　面向语义 Web 智能数字化学习系统结构

平台，是实现智能化的人机交互的重要功能部分。基于人工智能海洋教育服务平台构建多维度情感交互模型，涉及知识采集、知识表示、数据建库、控制策略、推理策略和冲突消解等方面，定义多维度情感量化规则，构建海洋教育语义知识资源库，结合深度学习、机器学习和海洋领域知识图谱等人工智能方法，识别学习者情感信息，理解学习者人机交互过程中深层次学习行为。

　　基于人工智能的海洋教育服务平台框架设计如图 2-10 所示，构建沉浸式虚拟环境、建模与模拟资源库、人机交互空间、海洋教育知识库、智能混合建模、情感计算、教育干预和行为分析等系统功能模块。平台通过沉浸式虚拟环境下的建模与模拟库呈现，人机交互空间进行输入和输出，海洋教育知识库支撑整个教育系统的知识结构。系统利用人工智能理论下智能混合建模技术和情感计算，对学习行为进行分析和教育干预。

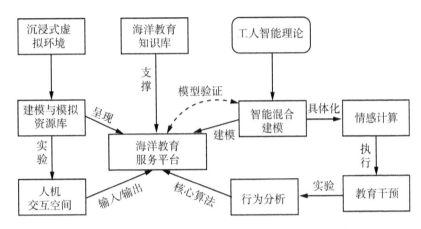

图 2-10 基于人工智能的海洋教育服务平台框架设计

在分析学习者心理和行为特征的基础上，海洋教育服务平台可以利用手环监视器、眼动监测仪等特种设计进行人体电信号采集，结合内外部的多模态设计，对学习者的学习情感信息建模，实现更深层的语义理解和多模态情感交互分析，根据情感状态提供相应的情感干预。在情感计算技术支撑下，海洋教育服务平台建立学习者感觉模型，持续跟踪学习者记录，对样本数据进行质量评估，用数学的符号和计算机的语言，构建教育干预要素的结构方程，接受虚实混合学习检验，进一步验证和优化情感干预动态发展过程，并检验其有效性，提高学习者能力。

(三) 海洋教育服务平台系统模块设计

1. 基于语义云海洋教育资源模块设计

在云计算服务形式的基础上，结合语义本体技术，构建基于语义云海洋教育资源模块。基于语义云海洋教育资源模块框架结构如图 2-11

所示，由海洋教育资源（以实验资源形式）、云计算层和语义本体三大层次组成。海洋教育层包括资源发现、资源调试、资源更新、资源监控、资源组织和资源虚拟化功能模块等，以满足学习者自适应性知识服务需求，同时，平台提供资源访问接口，通过云连接网络为学习者提供一个友好的交互界面，可实现学习者对海洋教育资源库的访问以及资源个性化需求。

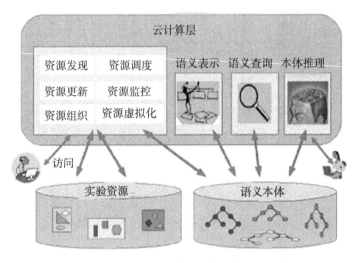

图 2-11　基于语义云海洋教育资源模块框架结构

2. 海洋教育知识推理模块设计

海洋教育知识推理模块基于本体理论知识表达，通过语义本体技术来表达海洋领域知识，建立语义知识规则相关定义，开发完整的基于语义云海洋教育资源模块框架的规则库，采用知识平台作为系统的推理引擎，构建相应的海洋教育知识推理系统，完成海洋教育知识推理预测要求，同时，以多种实验验证海洋教育知识推理系统的正确性，设计提供集成、互操作以及知识维护和重用等功能本体中间件，如图 2-12 所示，为海洋教育知识推理提供灵活性和扩展性资源本体中间件。

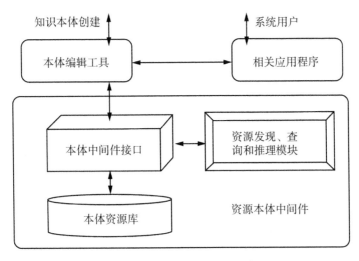

图 2-12　海洋教育知识推理模块本体中间件

3. 海洋教育服务平台控制系统设计

海洋教育服务平台控制系统设计结构如图 2-13 所示，由系统模型、

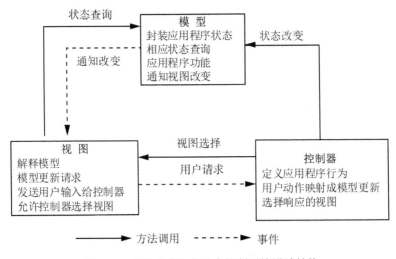

图 2-13　海洋教育服务平台控制系统设计结构

系统视图和系统控制器等模块组成。其中，系统模型是平台应用程序的核心，系统视图用于显示服务平台相关数据，系统控制器负责服务平台信息输入处理工作。系统模型、系统视图和系统控制器各层之间相互协作和分工，实现对海洋教育服务平台多维网络数据集可视化和平台各应用程序的协调运行。

4. 海洋教育服务平台系统服务模块设计

海洋教育服务平台系统服务模块设计结构如图 2-14 所示，实现海洋教育服务平台用户注册、用户登录、文章搜索、点赞、评论、个人信息管理、聊天互动、学习测试、发布通知，以及查看海洋科普新动态等系统基本功能模块。

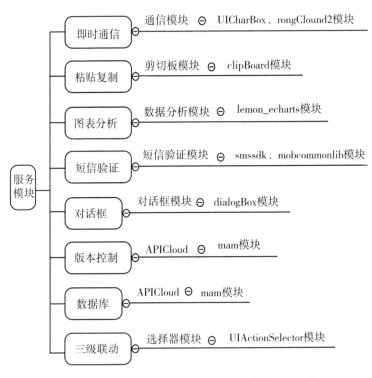

图 2-14　海洋教育服务平台系统服务模块设计结构

第四节 海洋教育服务平台技术实现

一、海洋教育服务平台知识工程

海洋教育服务平台知识工程构建原则有如下几方面：

（1）知识清晰性和客观性：海洋知识描述是明确的和客观的；

（2）知识完全性和一致性：海洋知识定义是完整的和一致的，能全面表达海洋知识专业术语相关含义；

（3）知识可扩展性：在海洋知识工程添加专业知识术语时，海洋知识概念定义具有一定的可扩展性。

海洋知识领域本体是用于描述海洋知识领域知识的一种专门本体。海洋知识工程构建具体过程如图2-15所示，包含七个步骤：确定海洋知识本体领域和范畴；复用海洋知识现有本体；列出海洋知识本体中重要的术语；定义海洋知识类和类的等级；定义海洋知识类的属性插件；

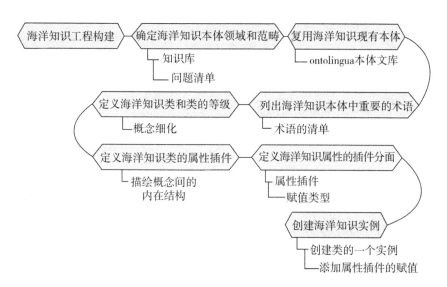

图2-15 海洋知识工程构建具体过程

定义海洋知识属性的插件分面；创建海洋知识实例。

二、海洋教育服务平台知识工程构建

(一)知识核心概念集的构建

海洋知识工程的知识核心概念集构建如图 2-16 所示，本书通过本体开发软件 Protégé 来建构海洋知识工程的知识核心概念集。本体开发软件的树形目录展现知识本体相关属性，在知识核心概念层次上设计海洋知识工程领域模型，进行知识类、知识子类、知识属性、知识实例等知识任务的添加、删除、修改等操作，支持知识类别的多重继承、知识数据的一致性核查和文本格式的多形式表示①。

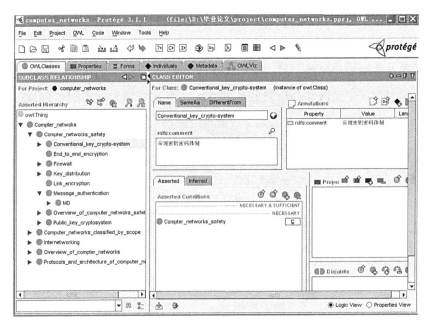

图 2-16　海洋知识工程的知识核心概念集构建

---

① 万韬. 基于 Cluster-FCA-Merge 算法的本体构造［D］. 长沙：中南大学，2010.

（二）定义知识概念的属性及关系

根据海洋知识工程构建方法，定义海洋知识本体概念的属性，海洋知识工程本体属性名称及属性含义如表 2-1 所示，包括"同义词""组成""相关"和"相区别"等属性含义。

表 2-1　　　　　　海洋知识工程本体属性名称及属性含义

属性名称	属性含义
Same as	同义词
Overview	概述
Architecture	组成
Is_part_of	父子关系
Has_related_to	相关
Has_difference_from	相区别

在本体开发软件 Protégé 中，海洋知识工程本体属性定义如图 2-17 所

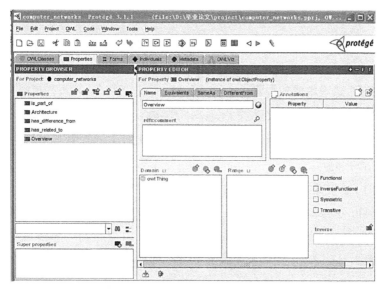

图 2-17　海洋知识工程本体属性定义

示，海洋知识本体属性采用"ObjectProperty"（对象属性），表示海洋知识工程本体属性的性质是动态的。海洋知识工程本体属性关系如图 2-18 所示。

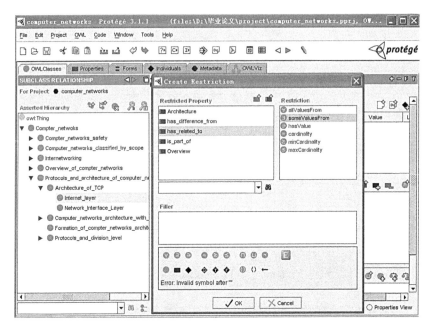

图 2-18　海洋知识工程本体属性关系

(三) 知识本体的构建

本书利用本体开发软件 Protégé 构建海洋知识工程相关知识本体。其中，海洋知识工程学生本体结构如图 2-19 所示，学生本体的构建主要包括两部分：

(1)学生基本情况：包括学生的学习情况、个性特点。根据其内容，可以分析学生的情感因素，为个性化学习建立数据结构基础。

(2)学生学习情况：包括学习单元 ID、停留时间、停留单元 ID、下一学习单元 ID、学习进度和学习成绩等部分。学生的学习情况是根据学生的学习过程而动态变化的，学生的学习情况里的各部分内容属于动态信息。

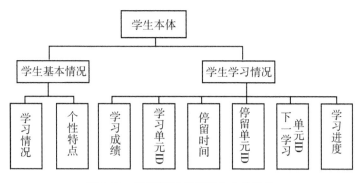

图 2-19　海洋知识工程学生本体结构

(四)海洋知识表达与推理

知识论者对知识的实际作用越来越感兴趣,其思想是在知识推理的基础上获得新知识。推理通常被认为是一种扩大的认知资源,因为它允

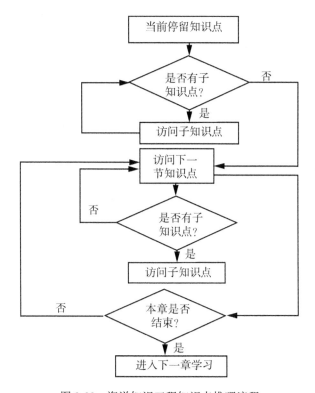

图 2-20　海洋知识工程知识点推理流程

许在已有知识的基础上扩展或增加新的知识。例如，海洋知识工程中课程内容结构划分为若干个"知识点"，某些"知识点"下面又划分为"子知识点""二级知识点"，或涉及相关的"知识点"。根据学习者本体中对学习者的学习情况的记录，可以对学习者的学习内容做出推理，海洋知识工程知识点推理流程如图 2-20 所示。

(五)海洋知识本体中间件系统

海洋知识本体中间件系统结构如图 2-21 所示，海洋知识本体中间件系统的使用者分为两类：普通用户和知识工程师。普通用户并不直接与本体中间件交互，而是通过应用程序调用本体中间件系统的 API 访问系统功能。知识工程师使用本体编辑器实现对本体的编辑处理，并通过本体中间件 API 将结果存入本体库中。本体中间件接口负责处理来自用户和知识工程师的服务请求。本体中间件接口通过调用推理模块提供的服务完成相关的推理任务。海洋知识本体中间件"推理器"通过 OWL 本体具体描述逻辑系统来实现。

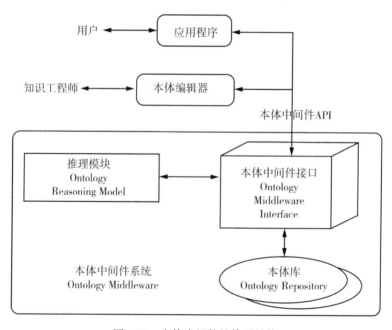

图 2-21　本体中间件的体系结构

三、海洋教育服务平台混合建模

教育领域研究者应密切关注人工智能关键技术的发展，并以此为基础，切实推进人工智能在教育领域的研究与发展①。随着人工智能和虚拟现实科学技术的发展，海洋教育工程领域的复杂系统问题也越来越突出，面向复杂系统建模提出了更高的挑战。人工智能下海洋教育服务平台应用场景利用人工智能相关理论、技术和方法，以海洋科普教育作为切入点，围绕中国南沙群岛海洋科普知识点，通过对海洋科学、海洋历史和海洋人文等原始数据进行多维空间整合和重构，建立数字化科普资源库系统，实现智能化、虚拟化和互动性海洋教育，促进海洋文化传播，维护国家海洋权益，具有重要的现实意义。

人工智能下的海洋教育服务平台采用智能混合建模方法与技术，先通过机理分析确定出海洋模型类和模型结构，然后再利用系统辨识方法辨识出海洋教育服务系统模型的维数、阶次和参数，海洋科学实验与系统辨识相互结合、相互补充、相互支持和相互协调，产生良好的叠加效果，进一步提高海洋教育沉浸式服务平台建模的精度、质量和效率。

人工智能下海洋教育服务平台模型结构如图 2-22 所示，在海洋教育实验环境的基础上，构建平台感知模块、系统信息处理模块、自适应模块、平台知识库、通信模块、平台进程表、决策与智能控制模块和执行与输出模块等功能。

（一）学习者情感计算及建模

在大规模的情感事件和复杂的情感识别应用中，如何提高识别精度、计算效率和用户体验质量，成为首先要解决的问题。海洋教育服务平台学习者情感多维数据集如图 2-23 所示，界定三个学习情感维度，

---

① 闫志明，等.教育人工智能（EAI）的内涵、关键技术与应用趋势——美国《为人工智能的未来做好准备》和《国家人工智能研发战略规划》报告解析［J］.远程教育杂志，2017，35（01）.

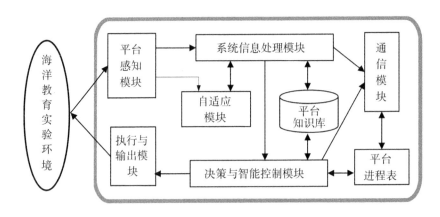

图 2-22　人工智能下海洋教育服务平台模型结构

分别包括学习情感驱动因素(由学习回报或惩罚所产生)、期待差别(由学习预期回报和收到的回报比较而产生)和惊讶(学习预期值相对于实际值的评估)等,每一个学习情感数据规格化到一个间隔[0, 1],然后得出一个学习情感多维数据集,每个数据通过量化标注在相应情感轴上。

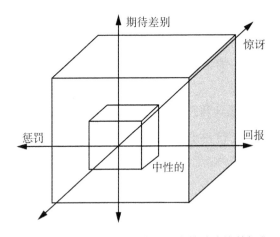

图 2-23　海洋教育服务平台学习者情感多维数据集

海洋教育服务平台学习者情感模型映射设计如表 2-1 所示，给出学习相关情感映像和情感划分区域，学习情感计算数值根据设计模型设置映射到海洋教育服务平台学习者情感多维数据集，而学习情感计算的最终数值，由学习者情感数据轴所量化的三个数据部件强度叠加而成。

表 2-1　　　　海洋教育服务平台学习者情感模型映射设计

	更多回报的情感	如期效果的情感	更多惩罚的情感
学习预期性效果	高兴+惊讶（骄傲）	高兴	难过+惊讶（痛苦）
学习中性效果	高兴+惊讶（幸福）	中性	难过+惊讶（失望）
学习惩罚性效果	高兴+惊讶（宽慰）	难过	难过+惊讶

海洋教育服务平台学习者情感计算先设定学习预测值 X_{t-1}、学习感知的值 Y_t 和情感计算权重。当情感控制器获得新计算值时，学习速率根据学习感知强度而设置。所描写的学习情感干预要素的结构方程见式（1），将 α 定义为实际收到的学习情感驱动因素，β 定义为期待的学习情感驱动因素，实际收到的学习情感驱动因素与期待的学习情感驱动因素之间差别表示为 Δr，惊讶要素表示为 Δs。

$$\left. \begin{aligned} \Delta r &= \frac{\beta - \alpha}{\max(|\alpha|, |\beta|)} \\ \Delta s &= \frac{Y_t - X_{t-1}}{\max(|X_{t-1}|, |Y_t|)} \end{aligned} \right\} \tag{1}$$

（二）人工智能下海洋教育服务平台应用场景

人工智能下的海洋教育服务平台应用场景如图 2-24、图 2-25 所示，以计算机虚拟化技术显示海洋教育实验系统及各要素和虚拟空间形态结构。在海洋历史事件和地理信息图谱的虚拟实验中，用户点击感兴趣的实验内容浏览、漫游和查询相关海洋教学信息，实现智能化、虚拟化和互动性海洋教育。

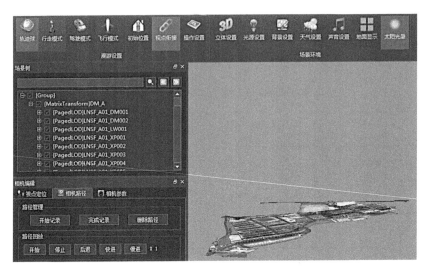

图 2-24　人工智能下的海洋教育服务平台应用场景 1

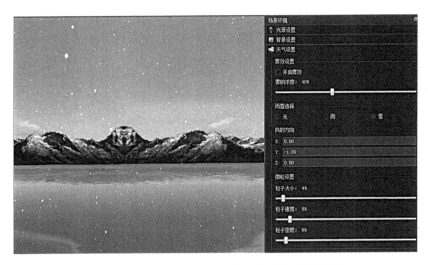

图 2-25　人工智能下的海洋教育服务平台应用场景 2

第五节 海洋教育服务平台构建案例

一、海洋科普教育 App 移动端程序

随着海洋经济的发展，出现海洋生态环境被人为破坏等问题。为了海洋的可持续发展，海洋科普教育迫在眉睫，海洋科普教育 App 移动端程序可以成为社会公众日常学习海洋科学的途径之一。海洋科普教育 App 移动端程序采用混合模式开发，开发维护成本低，具有 App 移动端程序的原生态优点。

本书中海洋科普教育 App 移动端程序结合"云教育"平台应用接口，进行了"注册登录""阅读文章""课程学习"和"在线答题"等系统功能程序开发，实现了海洋科普教育类 App 移动端程序全方位展示。海洋科普教育 App 移动端程序主要系统功能模块如下：

(1)点赞和评论：当学习者看到喜欢的文章时，可以点赞和评论文章，并且关注作者；

(2)个人中心：学习者通过"个人中心"，管理"个人信息""关注作者"和"管理文章"；

(3)聊天互动：在浏览文章时，可以与文章作者进行线上交流互动；

(4)学习测试：学习者在课程列表中找到感兴趣的课程来学习，每学习完一个课程，可以进行知识测试和答案解析。

(一)海洋科普教育 App 移动端程序动态页面

海洋科普教育 App 移动端程序动态页面罗列出"消息动态""我的文章""我的关注"以及"我的收藏"四个内容，可以通过左右滑动或者点击头部导航标题切换。海洋科普教育 App 移动端程序动态相关页面如图 2-26 所示。

图 2-26 海洋科普教育 App 移动端程序动态相关页面

(二)移动端课程学习与知识测试

海洋科普教育 App 中的课程学习与知识测试如图 2-27 所示。学习者可以通过该系统功能进行课程学习和知识测试。海洋科普教育 App 中的课程学习内容图文并茂,并且支持多种类型的知识视频格式。海洋科普教育 App 中的课堂知识测试利用倒计时和答案解析的方式,进一步提高了学习者学习科普知识的效率。

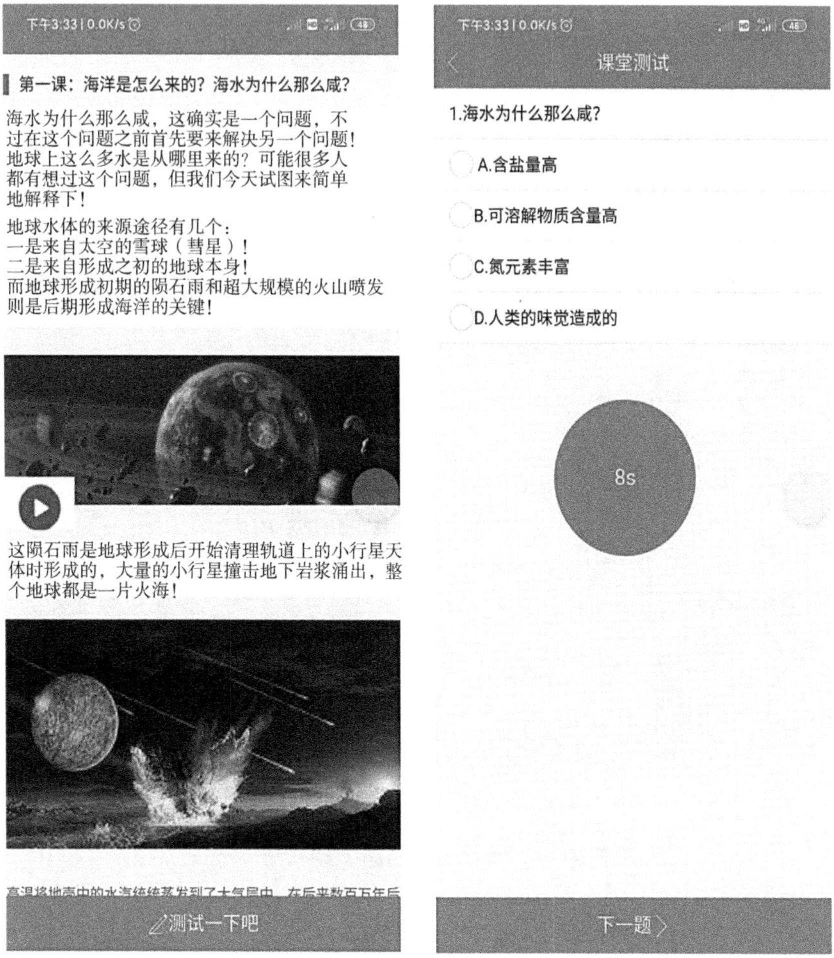

图 2-27　海洋科普教育 App 课程学习与知识测试

（三）海洋科普教育 App 数据统计与分析

海洋科普教育 App 数据统计与分析如图 2-28 所示，可以对学习者的课程学习行为进行数据统计与分析，具有"本周浏览文章时间统计""本周学习时间统计""练习总数量统计""练习题目数量分析"和"练习题目正确率分析"等系统功能。

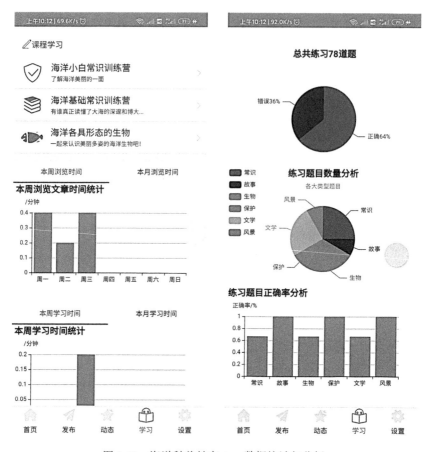

图 2-28　海洋科普教育 App 数据统计与分析

三、海洋科普 Web 网站系统

随着现代科技的快速发展，以及互联网的普及，提高了社会公众的科学素养，也促进了社会公众的科普教育。基于"互联网+科普"的海洋科普教育模式是目前众多科普教育网站的主要发展模式。本书中海洋科普 Web 网站系统针对社会大众，特别是面对青少年群体进行海洋科普教育，开发了"海洋动态""海洋生物""海洋故事"和"海洋 TV"等功能模块，具有较好的海洋科普教育功能。下面介绍海洋科普网首页及功能模块效果图，如图 2-29、图 2-30、图 2-31 所示。

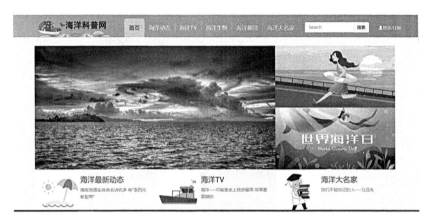

图 2-29　海洋科普网站系统首页

图 2-30　海洋科普网站系统前端功能模块收藏文章管理板块

(一)海洋科普网站系统首页效果图

海洋科普网站系统首页如图 2-29 所示,首页是整个海洋科普网站系统的入口页面,是学习者首先访问的重要环节。为了方便学习者浏览 Web 网站的学习内容,海洋科普网首页提供了各学习模块的网络链接。海洋科普网首页开设的功能模块有:"轮播图""特殊频道""海洋生物""海洋新动态""海洋 TV"和"海洋趣谈海洋名家"。

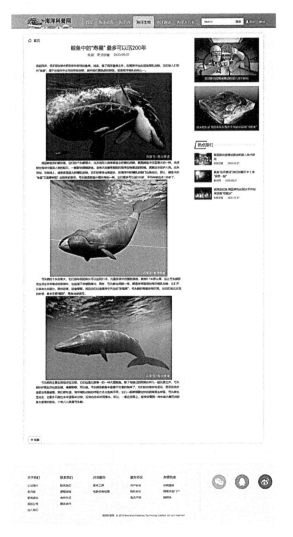

图 2-31 海洋科普网站系统前端功能模块收藏文章展示板块

(二)海洋科普网站系统前端功能模块效果图

海洋科普网站系统前端功能模块提供访问节点让学习者进行知识学习。例如,"收藏文章"模块可保存学习者所收藏的文章,学习者通过点击"收藏"按钮,即可成功收藏其感兴趣的文章。在个人中心的"我的收藏"部分,可以对各类别的文章进行分类收藏,还可以管理自己的收藏文章。海洋科普网站系统前端功能模块收藏文章管理板块如图 2-30 所示，海洋科普网站系统前端功能模块收藏文章展示板块如图 2-31 所示。

三、中国南沙群岛海洋科普教育系统

中国南沙群岛海洋科普教育系统的目标是"全方位服务科普、构建现代科普教育模式"，通过 Web 访问更多的动态和交互性科普内容，自主选择学习方式和学习内容。中国南沙群岛海洋科普教育系统的主要功能如表 2-2 所示。

表 2-2　　中国南沙群岛海洋科普教育系统的主要功能

模块名称	功能分解	详细功能描述
系统管理	用户管理	添加用户、删除用户、用户信息修改、初始化用户密码
	权限管理	根据不同用户，可以划分的权限有：系统设置、科普管理、科普视频管理、会员管理、投票管理和留言管理
	系统配置	数据库备份、数据库恢复、系统日志管理
科普管理	科普类别管理	科普类别添加、删除、修改
	科普内容	科普内容添加、删除、修改
	科普评论	评价一个科普的优劣，提交评论内容
科普视频管理	参数设置	(1)科普视频上传 (2)科普视频类别、语言、权限和属性设置
	资源库管理	(1)资源库管理。创建、删除资源库 (2)资源类型设置。分类管理在库下创建分类和子分类 (3)根据不同级别权限下载不同层次资源
	视频编辑	(1)资源字段加密和解密 (2)资源文件加密和解密
	资源评价	评价一个资源的优劣，提交评论内容

模块名称	功能分解	详细功能描述
科普论坛	学习日历设置	学习日程：时间、地点和内容安排
	作业上传	(1)单个作业：选择本地的单个作业实现上传操作 (2)用户可以选择批量上传多个作业文件，并将这些文件作为多个资源入库
	邮件管理	(1)发送内部邮件 (2)接收内部邮件
	科普学习	自主选择科普学习
	在线实验	在线实验教学
	在线考试	即时评判与统计，自主学习，学业进程统计与追踪
	实时投票	实时投票、投票统计

中国南沙群岛海洋科普教育系统的主要栏目有："历史点滴""群岛图片库""群岛地图""群岛新闻""论文期刊""争端研究""科普论坛""科普咨询"和"注册会员"等部分，中国南沙群岛海洋科普教育系统首页效果如图 2-32 所示，中国南沙群岛海洋科普教育系统科普分类管理效果图如图 2-33 所示。

图 2-32 中国南沙群岛海洋科普教育系统首页效果图

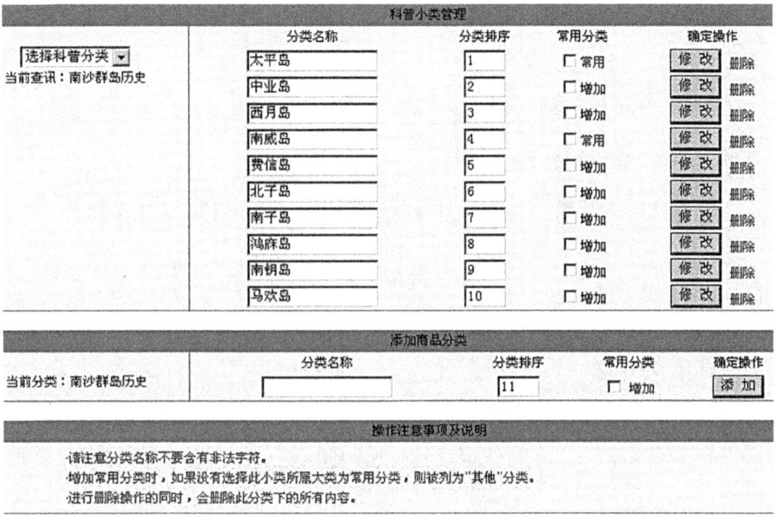

图 2-33　中国南沙群岛海洋科普教育系统科普分类管理效果图

第三章 面向知识服务的海洋科普教育应用

第一节 海洋科普教育知识服务

一、海洋科普教育知识服务含义与特征

(一)海洋科普教育知识服务含义

随着信息科技的发展和社会需求的快速扩展，知识服务成为一个新兴的社会研究热点问题。知识服务是在传统信息服务基础上发展的个性化、专业化和多样化信息服务。传统信息服务强调信息的整合处理问题，着重提供信息产品和信息共享服务。知识服务源于信息服务，是对信息服务资源的深层次开发和高质量应用。信息服务取决于信息开发的数量，以信息服务资源建设为基础；而知识服务则主要有赖于信息服务与知识应用的深度与质量，是以人为核心来促进知识的流动和转化的。

知识集成、融合和服务经过广度与深度的发展，知识学科成为一个涉及众多学科的领域，而知识服务作为输出环节，用户建立直接访问接口，受到重要的关注。知识服务针对用户的相关问题和环境，以信息知识搜寻、组织、分析和重组为技术手段，融入用户解决问题的过程中，支持用户进行有效的知识应用和创新服务。知识服务的处理资源类型包括显性和隐性两种信息资源，是通过对资源中知识的提炼来解决特定条

件下应用问题的服务①。

海洋科普教育知识服务框架如图 3-1 所示,构建海洋数据、海洋信息和海洋知识三大模块,通过对数据化描述的海洋数据进行提取、挖掘,凝练出具有时间规律、空间规律、关联关系和有意义的海洋信息,并对海洋信息进行结构化和关联化处理,创建具有因果机理、趋势特征和系统化认识的海洋知识,为用户提供海洋感知、海洋理解和海洋认识等知识服务。海洋科普教育知识服务的目标是帮助用户解决海洋科普教育相关问题,其性质就是海洋科普教育信息服务过程,最主要的特点是提供面向海洋科普教育的知识资源和解决问题的服务。

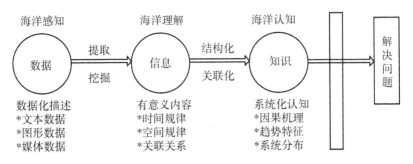

图 3-1 海洋科普教育知识服务框架

(二)海洋科普教育知识服务特征

当前,知识服务处于转型期,面临着社会环境和技术环境的综合影响,海洋科普教育知识服务面临着新的机遇与挑战。学者柯平提出了"前后知识服务时代"的概念,认为知识服务转型发展历史轨迹是由"前知识服务时代"和"后知识服务时代"构成的。信息服务转型的结果是"前知识服务时代",主要呈现出信息化、技术化和数字化三大特点;而"后知识服务时代"要求从人文与技术的结合、多学科综合交叉和智

---

① 李淑龙.基于知识服务的高校图书馆文化建设[J].中国科教创新导刊,2010(26).

慧化等方面进行理念更新，拓展视域，促进知识服务的转型①。学者柯平的观点为知识服务创新发展提供了新的思考点。在后知识服务时代，海洋科普教育知识服务应积极做到多渠道、多介质深度融合，综合运用多学科知识来解决跨学科的复杂问题。

　　海洋科普教育知识服务以用户为中心，通过对信息进行整合开发提炼获取新的知识，并提供智力型服务，以达到帮助用户解决问题的目的。知识服务具有自身的特征，海洋科普教育知识服务应是一种知识密集增值性、综合集成化、集约化、层次性和过程性服务；海洋科普教育知识服务应是专业化、个性化、分布式和多样化的服务，面向解决方案、知识内容和用户驱动的增值服务，贯穿和融入用户的解决和决策过程；海洋科普教育知识服务应具有高专业化的知识特性，具有高附加值、个性化、定制化和交互性特性，具有广泛的知识网络特性。海洋科普教育知识服务的相关特征如图 3-2 所示。

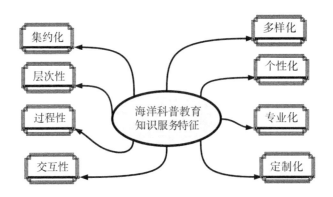

图 3-2　海洋科普教育知识服务相关特征

　　①　柯平. 后知识服务时代：理念、视域与转型[J]. 图书情报工作，2019，63(1).

二、海洋科普教育知识服务思路

海洋科普教育知识服务存在多个主体，本书选择具有学习障碍的特殊儿童作为知识服务对象。学习障碍是一种隐性障碍，是指在获得和运用听、说、读、写、推理和运算能力方面表现困难的一组异质障碍①。具有学习障碍的特殊儿童在学习主动性、学习自我调节和学习行为调节能力方面，与同龄儿童存在明显差异。由于历史与现实等方面的原因，特殊教育在科普教育体系中一直都比较薄弱，多种问题和矛盾突出，不利于我国公平社会与和谐社会的构建。海洋科普教育为适龄儿童提供了科学普及教育，是一种公益性教育，具有基础性、先导性、全局性的作用。

目前跨学科研究是重要的研究方向，本书结合特殊教育和信息技术相关应用研究，为具有学习障碍的特殊儿童提供有效的知识服务。知识服务的主要思路是：定义人工智能视角下对学习障碍的特殊儿童提供海洋科普教育知识服务，探讨人工智能新技术如何应用于为有学习障碍的特殊儿童提供海洋科普教育知识服务，然后基于过程视角划分新技术与特殊儿童学习障碍知识服务维度，构建人工智能视角下新技术与特殊儿童学习障碍知识服务模式，建立科学的知识服务模型。

海洋科普教育知识服务模型用数学的符号和计算机的语言，建立有学习障碍的特殊儿童知识服务系统要素的结构方程，模拟动态发展过程，并检验其有效性，建立科学的评估模型，持续跟踪记录，对样本数据进行质量评估，解决特殊儿童在海洋教育知识领域获得相关能力过程中出现的困难和障碍问题，进而提高他们的学习能力。

---

① 马兰花，石学云 . 2006—2013 年我国学习障碍研究热点领域分析［J］. 中国特殊教育，2014(11).

三、海洋科普教育知识服务内容

(一)海洋科普教育个性化知识服务

信息技术环境下，海洋科普教育知识服务内容不再局限于传统层面，受到科技和社会发展的影响，服务平台需要对知识服务方式进行创新，对服务内容及时更新，强调服务内容的深度和广度，以及服务内容的个性化和多样化。另外，知识需求突破传统层面，需要提供针对性更强的内容，如个性化推送、定制知识推送、参考咨询等，这样才能更好地为海洋科普教育提供知识服务。

海洋科普教育个性化知识服务根据特定学习者，以及不同的地点、时间和事件定制知识服务。海洋科普教育个性化知识服务需要分析学习者感兴趣的知识，这既是为了提高学习者满意度，也是为了扩大所提供知识服务的范围。个性化知识服务需要新颖而有效的信息技术来分析学习者所涉及的学习情况，才能定制个性化知识服务。其中，"上下文感知系统"技术可以让海洋服务平台根据学习者"当前上下文"提供个性化服务，使其服务适应学习者的实际需求。鉴于传统的个性化知识服务内容技术是基于历史行为相似性来寻找学习者可能感兴趣的内容，为此，研究者寄希望于找到其他特征来替代相似性，例如，将学习者之间的社交网络影响力融入个性化知识服务算法中，能获得更好的知识服务推荐效果。

随着专业化、数字化和分布式信息技术的应用，个性化、专业化和多样化信息技术服务成为知识服务重要的发展趋势之一。多元化、结构化资源和特色知识服务利用社交关系识别社交网络中的"众包意见"，并基于"众包意见"产生推荐结果，社交网络中的一种知识服务算法如何融合社交关系和学习者偏好进行相关学习资源推荐是知识服务关注的问题。

(二)海洋科普教育知识服务推荐系统

智慧教育环境下，海洋科普教育知识服务推荐系统针对知识服务个性化推荐问题，借助复杂网络中的相似性、传播机理、动力学等，构建基于社交关系的个性化推荐的理论框架，为分析社交关系在海洋科普教育知识服务推荐中所起的作用提供理论依据。知识服务平台设计利用社交关系和用户偏好进行推荐的方法，让个性化推荐算法更符合人们在实际生活中的决策过程。同时，关注学习资源个性化推荐结果的非准确率特征，以达到提升学习资源推荐结果接纳度、提高学习资源推荐结果转化率的目的。

语义 Web 服务发现与推荐是一种潜在的技术，为学术界提供了改进的知识推荐来满足用户的需求。为了实现知识服务的精确推荐，语义推荐集成学习方法，此方法消除了复杂的特性。语义分析是语义推荐的主流技术之一，与传统的用户搜索模式技术相比，该技术的性能有了显著的提高。在此基础上，有学者提出了一种有效的语义推荐方法，该方法用知识图表示学习者所感兴趣的主题(各种概念、对象、事件、人、实体、位置以及它们之间的关系)，使用社交网络分析语义信息和计算用户之间的兴趣相似度，并构建学习者的兴趣轮廓。知识服务推荐系统需要分析学习者的社交特性，如信任关系的不对称性、传递性、动态性等，以考察它们对学习资源个性化推荐效果的影响；有学者认为，社交关系跟相似性不是简单的替代，两者或许能够共同作用，更好地改进学习资源个性化推荐技术的性能；伴随着社交海量数据、异构数据、多模态数据的产生，学习资源个性化推荐算法的适应性、可移植性、可扩展性等也必将出现相应的研究。

海洋科普教育知识服务推荐系统可以缓解信息过载问题，帮助学习者根据自己的偏好检索知识。在知识密集型环境中，知识用户需要访问与任务相关的编码知识来执行任务。用户的知识引用行为可以建模为知识流，以反映用户的知识需求随时间而发生的变化。知识服务推荐方法可以通过推荐适当的文档来满足知识工作者的信息需求，从而主动支持知识工作者执行任务。

第二节　海洋科普教育知识空间

一、知识空间

知识空间是知识组织的概念基础。信息资源和技术服务是知识空间的应用基础，扩展了知识资源多维空间和知识应用范围，例如虚拟知识空间技术的应用可以突破物理学习环境"空间"和"时间"的限制①。Dietrich Albert 知识空间理论提供了一种描述"给定知识域"结构的知识空间技术方法。知识空间可以让学习者在不同学习语境下进行知识合作与交流，提供问题解决的思想和实践，促进学习资源的开发和协作知识的构建，实现知识的可持续建设。

随着现代新兴技术的突飞猛进，信息技术进入到高速发展阶段。信息技术在教育领域的深度应用和广度应用日益发展，其应用者也正从精英小众开始走向普罗大众。随着信息通信技术的融合和发展，"建设互联、智能化教育"的需求在物联网和网络服务领域得到了放大。基于信息和通信技术的物联网，建立设备与设备、设备与人之间的相互通信系统，实现教育优化服务。以信息技术支撑的知识空间是一种新型的知识服务模式，集成了知识发现、信息集成和知识服务等模块，创建真实世界与虚拟世界协同互动的数字教育环境，为学习者提供定制化和交互化知识服务。

二、海洋科普教育知识空间

现代科技使得知识服务产品在互动性和智能性方面有了长足的进步，交互式知识服务中复杂人因学问题以及使用情境的高度依赖性问题

---

① 陆雪梅."图书馆+"思维的知识空间建设比较研究[J].图书馆学研究，2017(08).

在富技术环境下有了实质性的进展。本书以富技术环境下海洋科普教育知识空间的构建为例，优化海洋科普知识服务体验，用技术构建智能知识服务新生态。

知识空间是一种新型的知识服务模式，打破了传统物理空间、传播手段、内容服务的界限，让学习者可以享受互动性和智能性知识体验。海洋科普教育知识空间是以信息技术为支撑，实现海洋科普教育与中小学科普教育连接为目标的知识服务平台。平台借助富技术环境提供智能知识服务解决方案，将知识的搜索、获取、展示、传播智能化，满足科普教育多场景下的多元化、立体化、个性化服务，优化海洋科普知识服务体验。

（一）富技术环境下海洋科普教育知识空间的构建特征

1. 知识实用性和趣味性

知识空间以"海洋科普"构建主题，将信息技术与知识服务跨界融合。知识空间以"海洋科普"为选题的主要原因有：（1）建设海洋强国是国家重要的战略决策。党的十九大报告明确提出，加快建设海洋强国。习近平总书记指示"要进一步关心海洋、认识海洋、经略海洋"；（2）国家海洋战略的实施是建立在青少年对海洋的认知基础上，加强青少年海洋教育，尤其是海洋意识教育，已成为共识。青少年海洋意识薄弱的情况比较严重，许多青少年都不知道领海、大陆架等海洋国土基本概念和我国领海历史地理情况。

科普不但要有用，而且更要有趣。以新科技为内容的科普图书异军突起，新兴信息技术为科普图书提供了崭新的呈现方式，互动式阅读为读者带来了全新体验。富技术环境下海洋科普教育知识空间建立适合学校的海洋意识主题教育知识体系，从海洋环境、海洋资源、海洋文化以及海洋利用等多个方面针对中小学编制不同的普及读本，设计核心知识内容；用信息化手段实现海洋意识教育资源的多样化，在教材、教具、产品上进行特色创新，通过数字化产品及实物产品等形式进行海洋科普教育，并提供全方位的海洋科普教育体验。

2. 知识服务多维度化

知识服务需求呈现专业化、多元化和个性化的特征，专业深度知识服务、细分领域文献情报、个性化解决方案等知识服务需求呈现逐步增加的趋势。同时，学习方式的多样化(如深度学习和碎片化学习)也催生知识服务多维度化。

在富技术环境下，海洋科普教育知识空间的任何学习者通过"人机交互"界面，在自由时间、自由地点与任何知识采用任何形式进行知识服务多维度化交互，包括同步或异步海洋科普知识的搜索、获取、展示、传播等。提供按需分配、可靠、易管理和多维度的知识服务，有效保证各类海洋科普知识流的灵活分配，支持学习者跨时空的立体化学习。

3. "富技术"与知识服务的耦合性和生态性

知识服务是服务内容和数字技术两者融合的新兴服务模式。知识服务除了要立足于知识服务内容以外，还要时刻保持对新兴技术的敏感度，重视对新兴技术的应用，以"富技术"的推动力实现知识服务内容应用的合理化和精细化。"富技术"与知识服务两者之间具有耦合性和生态性的特征，主要表现如下：

(1)"富技术"与知识服务的耦合性。富技术环境涵盖计算机知识感知、知识表达、知识推理、系统规划、虚拟实现、人机交互、深度学习、智能技术和普适计算等技术领域。技术与知识服务两者关系的研究从最初的"整合"发展到"融合"。特别是在深度融合方面，"耦合"相对"融合"，层次更高，具有能量交换、转化、共振、同频率等心理学、教育学信息转化特征。根据知识服务发展需要，从知识服务设计、知识服务传播手段、知识服务评价等多个环节，针对学习者知识服务需求，提供精准化的耦合技术，根据主体对知识服务与技术耦合的个性化取向，利用丰富的信息技术手段来聚焦科学化的知识服务要素(内容的数字化、传播载体的数字化和学习形态的数字化)，耦合成其所需要的知识服务技术文化。

（2）"富技术"与知识服务的生态性。从生态学特征的角度分析，知识服务是学习者、知识和技术的高度融合体，具有产业链完整性、知识传播性和学习者共生性等生态特征。富技术环境下海洋科普教育知识空间的生态性表现在内容的开放性（海洋自然环境、海洋资源和海洋文化）、传播载体的多样性（多媒体、多介质、多渠道、全时空和多终端）和学习形态的交互性（项目式、协同式和混合式学习）等方面，在时间和空间维度下，知识空间结构和功能根据使用情况动态协调发展。

4. 跨学科交叉融合

知识空间以"海洋教育"构建主题，以海洋文化与信息技术融合的视角对海洋教育服务平台建设进行系统探讨，融合教育学、历史学、地理学和传播学等诸多学科理论，为海洋科普教育提供信息技术研究工具，进行知识化、可视化、游戏化海洋科普教育设计与应用，在科学技术与海洋教育跨学科交叉融合，产生新的方法和新的应用。

以新科技为内容的海洋教育顺应社会新发展要求，新兴技术为海洋教育提供崭新的呈现方式。通过富技术环境下海洋科学教育知识空间建立适合高校学生海洋教育的知识体系，从海洋环境、海洋资源、海洋文化以及海洋利用等多个方面针对高校学生提供相应的知识服务，设计核心知识内容，用信息化手段实现海洋教育资源的多样化，在科技知识服务产品中进行特色创新，通过数字化产品及实物产品等形式实现高校学生海洋教育，提供全方位的海洋教育体验。

（二）富技术环境下海洋科普教育知识空间的构建模块

1. 环境智能视角下海洋资源科普知识服务

环境智能是信息社会的一个新视角，强调更高的用户友好度，更有效的服务支持、用户授权和对人机交互的支持，以无缝的、不突兀的、隐形的方式识别不同的个体，并产生相关应用方案。环境智能视角下海洋资源科普知识服务以"海洋资源科普"为主题，在环境智能中获取和建模学习者体验，以加强知识空间的交互、反应和智能行为。

环境智能视角下海洋资源科普知识服务利用"感知系统""认知系

统"和"反应系统"等系统模块进行知识处理,构建以学习者为中心的设计和服务环境。其中,"感知系统"模块通过感知处理器接受视觉和听觉等计算机输入信息,进行上下文模式识别,将传感器获取的感知模拟信号数字化处理;"认知系统"模块通过思维处理器和记忆器共同完成知识认知过程,进行不同类型的思维操作(注意力的选取、知识的学习和问题的解决);"反应系统"模块通过反应处理器实现学习者与混合现实环境中的交互操作,增强学习者对于知识细节的印象,以便于知识的获取。知识空间将多维人机交互数字技术应用于海洋科普知识服务领域,将海洋知识艺术性渗透在其中,具有互动性和智能性使用情境,寓教于乐。

2. 混合现实技术下海洋自然环境科普知识服务

随着混合现实技术的发展,知识服务信息技术产品从人机交互进展到人与环境的交互及人与机器的结合,知识服务产品作为呈现和交互的对象,无缝地整合到物理和数字世界中。与传统知识服务产品的人机交互模式相比,混合现实技术为以学习者为中心的情境化、真实性和自然性设计活动提供了新方法和技术。通过浸入式的保真和情境驱动的行为,学习者可以获得接近于真实环境中的体验。知识服务通过三维可视化及混合现实技术,以其匠心独具的情境化学习和无缝人机对接,在海洋自然环境科普知识服务中显示出强大的技术优势。

混合现实技术继承了增强现实技术和虚拟现实技术的优点,又摒除了两者的主要缺点。虚拟现实技术通过计算机仿真的现实环境,将使用者置身于仿真环境中,突出沉浸性,与真实环境的联系过少,而混合现实技术则满足使用者在仿真环境或真实环境中保持虚实结合的联系,在不同情境中自由切换或调整。增强现实技术,着重将专业信息动态加载在使用者的视觉域上,在功能方面,强调让虚拟技术服务于真实环境,而混合现实技术则让学习者与眼前的虚拟信息进行互动,无论"虚拟物体+真实环境"还是"真实物体+虚拟环境",两者都可以有效融为一体。

混合现实技术下海洋自然环境科普知识服务根据科普具体应用需

求，可视化不同学习情境的交互数据，展现学习交互的动态特性，实现海洋自然环境要素在混合现实三维数字模型下的交互式漫游、知识检索和多模态、自然、互动知识服务等功能。混合现实技术下海洋自然环境科普知识服务首先建立海洋自然环境现实数据库，为三维科普教育环境提供可视化数据模型支持；接着，开发虚拟现实引擎提供数据、交互、功能和特效的扩展接口，实现可视化仿真功能；最后，进行数据组织与封装，运用三维图形引擎为学习者创建混合现实下海洋自然环境学习场景。

3. 数字游戏下海洋文化科普知识服务

以海洋文化为内容载体，着重从游戏设计、以学习者为中心和效果评价三个方面加强海洋文化科普知识服务。数字游戏下的海洋文化科普知识服务结合语义本体技术，为学习者带来全息的海洋环境与景观，实现多维化、时态化和游戏化知识服务。数字游戏下的海洋文化科普知识服务技术框架设置游戏场景和角色，通过游戏化闯关方式激励学习者完成知识学习，实现数字游戏下海洋文化科普知识服务目的。

数字游戏下的海洋文化科普知识服务结合故事、规则和界面等游戏元素的设计，游戏控件负责海洋文化(海洋历史、海洋经济、海洋人文)再现、学习者角色模型的控制、人机界面操作的交互；游戏主函数和算法主要处理海洋游戏场景、游戏音像和游戏角色等调度；游戏数据模块用来保存海洋文化科普知识服务的相关数据，包括海洋文化本体OWL和语义本体资源；游戏控制模块提供基于学习者特征的知识服务，包括知识进度、当前的服务内容和测试水平，适时进行知识服务策略的调整和改进，为学习者提供较强的参与感，形成良好的体验。

(三) 富技术环境下海洋科普教育知识空间的应用场景

1. 海洋科普教育知识服务智能化

(1)海洋科普教育知识空间知识服务模式：

①体验模式：支持学习者定义浏览模式(自由行走模式、摄像机动画模式、静物观察模式)，根据不同的设置参数，进行不同模式的知识

浏览。

②交互模式：构建语音交互、体感交互、视线跟踪等多模式系统，重建并简化交互方式，实现一维到多维空间知识体验。学习者通过语音交互、体感交互、视线跟踪等事件脚本与知识空间的应用场景进行丰富的互动(交互式漫游、交互拾取查询、多视角动态浏览)。

③用户通过知识空间，可以在海洋三维漫游，浏览海岭、海盆、海底等的结构，观赏海洋珊瑚和海洋鱼类，动态模拟海洋形态、潮汐、洋流等海洋现象。

(2)海洋科普教育知识服务智能化：以海洋自然环境、海洋资源和海洋文化等原始信息开展多维空间科普知识的获取、组织、分析和服务，实现多源海洋科普信息获取、数据立体分析和知识构建，将知识管理所需的漫游、分析和辅助决策等知识服务工具汇聚于海洋科普教育知识空间。

2. 数据驱动海洋科普教育知识服务分析

海洋科普教育知识服务过程中产生海量数据，为信息化资源的合理利用、二次开发、质量评价等提供挖掘基础。数据驱动下知识服务分析根据用户特征进行细分，充分考虑性别、年龄、地域、关注点和热度的差异，有针对性地进行定向分发，以实现知识推送的有效性和精准性。基于个性化海洋知识的推荐，让用户能获得适合自身发展的海洋意识知识学习方式与途径，借助丰富多样的学习形式，完成高质量的海洋意识知识学习，以促使用户形成强烈的海洋意识。基于线上数据和调查问卷测试数据，可评估与预测用户的学习状况，动态发布涉及人群的海洋意识状况指标，为了解指定区域的学生海洋意识提供可靠依据，同时也可清晰地显示学生以及公众海洋知识的欠缺，为政府制定区域海洋知识教育政策提供参考。

构建互动性和智能性数字化复合知识服务是目前知识服务的发展主要方向，交互式知识服务中复杂人因学问题以及使用情境的高度依赖性问题解决是知识服务业知识服务发展的瓶颈。本书阐述了富技术环境下海洋科普教育知识空间的构建特征、构建模块和应用场景，优化海洋科普知识服务体验，用技术构建智能知识服务新生态。随着"互联网+"模式的普及，新兴技术的广泛应用，"技术+知识服务"结合人工智能、混合现实、人机交互和复杂计算等先进的科学技术，处理和优化知识服务内容，进而为用户提供更加个性化、更加贴心、更加自然的知识服务产品，促使知识服务产业与数字技术的结合愈发紧密。

三、海洋科普教育知识空间效果

(一)转变学习观念和学习方式

"互联网+"教育不仅是传统教育在工具应用层面的变化，还是思维模式的转变。海洋科普教育知识空间的课程设计以学习者为出发点，围绕学习者的需求和个性化展开，将智慧课程的构成要素与智能化的技术设备相关联，为学习者提供最便捷、最高效的课程资源，有助于转变学习者的学习观念和学习方式。

(二)促进学习者进行深度学习

海洋科普教育深度学习强调学习者对知识的理解与批判，进行新旧知识的联系与迁移。相关数据表明，进行深度学习的学习者比接受普通教学的学习者在学习动机、对学业的投入、自我效能、协作以及复杂问题的解决等方面均有更高的水平。因此，海洋科普教育知识空间促进学习者进行深度学习，提高了学习者深度学习的效率。

(三)促进学习者进行自主学习

海洋科普教育知识空间课程融入游戏教育的理念，在做中学、玩中学，其课程设计赋予学习者更多的自由，有助于培养学习者的自主学习能力；在海洋科普教育知识空间，学习者可以自主进行信息知识搜寻、组织、分析和重组，将自主学习融入解决问题的过程中，进行有效的知识应用和创新服务，在自主学习的过程中激发创新性思维。

(四)提高课程资源的利用率

海洋科普教育知识空间融合教与学活动的各类优质课程教育资源，

其资源体系结构合理，资源导航清晰，资源搜索引擎智能化，并辅之以数据挖掘以及适应性、可扩展性和个性化知识推荐等技术，使得资源的获取更加高效、便捷。

第三节　知识服务"众包"机制运用

一、"众包"的概念和教育价值

(一)"众包"的概念

"众包"(crowdsourcing)作为互联网中的一种新兴的服务平台和管理模式，目前已经应用于工业、科研、医学和图书情报等领域。"众包"的概念最初是 Jeff Howe 于 2006 年提出的，其本义是"机构把要执行的工作任务，分发、分包给非特定的、大型的大众网络，网络用户自由选择相关分发工作，自愿完成。"[①]"众包"也是一种基于互联网的新型知识管理模式，利用分散的人组成的网络来创造解决方案，发挥技术交流工具优势，是协同创新共同体的新指导范式。先进的网络在线技术是"众包"的主要元素之一，"众包"具有强烈的空间分异和资源配置的形态，其主题对互联网及其技术基础架构产生了巨大影响。

(二)"众包"的教育价值

近年来，在教育学领域中，"众包"是一种通过群体智慧和集体智慧来解决复杂问题的方法，越来越多地被用来分析和研究与组织学习相关的问题。"众包"概念使研究人员能够通过使用"众包"符号、图像和符号来分析教育组织成员对组织现实的塑造。"众包"允许描述给定教育组织情况的上下文，还可以了解教育组织成员的观点。通过观察教育组织中个人的行为，研究者可以确定他们在教育组织中所扮演的角色，

---

① 冯园园.基于众包模式的图书馆社会化媒体服务体系构建研究[J].四川图书馆学报，2017(6).

以及在创造和创造过程中所采取的行为。众包还常被用来寻找创新、学习和合作之间的联系。这个概念也有助于识别教育组织问题，理解给定教育过程的基本原理，以及许多教育概念之间的联系。"众包"有助于理解教育组织中正在发生的事情，包括教育的过程及其对组织成员的影响，在教育组织的基础上，提出协同创新、知识集群和绿色发展的解决方案。

二、"众包"机制及教育应用

(一)"众包"机制

"众包"机制的发展为海洋科普教育知识服务提供了一种新的设想。在海洋科普教育知识服务中，"众包"作为一种以学习者为中心的研究新方法，基于学习者感知，计算和问题解决的新服务，可以改进平台的工程设计，包括优化服务质量控制机制和激励专业知识业务。海洋科普教育利用"众包"机制，在课程内容创作方面，将学生的注意力集中在教育内容与学生兴趣上，将海洋科普教育知识提供者与特定群体内的知识寻求者相匹配，并通过数字技术捕捉提供者与寻求者之间的互动，为寻求者提供海洋科普教育知识服务多样化的解决方案，并将"众包"知识映射系统与解决方案捕获相结合，构建了一个供未来使用的海洋科普教育知识服务解决方案库。鉴于"众包"的本质是群体智慧和集体智慧，海洋科普教育知识服务"众包"社区的成功初始化和可持续发展在很大程度上取决于大众参与。因此，探索"是什么激发了大众参与课程内容创作"以及"如何设计一个有效的方案吸引用户的参与"，是海洋科普教育知识服务的当务之急。

(二)"众包"机制教育应用

由于智能技术的产生，新兴技术与"众包"两者有机结合，新知识服务系统对组织学习和知识管理具有潜在的影响，比传统系统更加专业化和智能化。在传统知识服务系统提供知识库和专家知识目录的基础上，新知识服务系统提供"众包"模式，根据谁回答问题来精准提供知识服务。它们提供交流能力，传递知识和专业知识更准确和符合学习者的个性化需求。在虚拟社区知识相关需求的背景下，"众包"对知识服务具有重要性，因为知识服务是一个整体的、复杂的、多方面的、社会化的概念。"众包"技术可以简化知识服务并解释复杂的数据，提供知识服务复杂性方案。"众包"技术方案在知识服务中获得大型简单性数据集，进行知识的特征化和趋势化，并允许理解知识服务组织中发生动态复杂性的情况，从不同的角度看待问题，从而确定"众包"对组织学习的意义。例如，要"理解联系（可以是人、地、事之间的联系），以便预测他们的轨迹，并有效地行动"，实际上，这可以归结为对从知识服务社区获得知识路径的分析，包括对教育行为的识别。

(三) 海洋科普教育"众包"

"众包"具有知识开放性、网络无边界特征；倡导自由、平等和创新的社会文化；强调社会差异性、知识多元化；蕴含多用户"共创价值"的理念，非常适合运用到教育知识服务领域。海洋科普教育知识服务从教材编写、教学资源构建、教具或教学产品设计研发、教学效果评价、教师学习共同体构建等各方面，都可借助于"众包"技术来实现。海洋科普教育知识服务"众包"任务类型如表3-1所示。

表 3-1　　　　　　海洋科普教育知识服务"众包"任务类型

	"众包"任务类型	相关描述
1	知识转化与纠错	不同网络用户可以对海洋科普教育知识服务数字化产品进行校对和转化
2	知识情境化	针对某个专题海洋科普教育知识服务添加上下文情境化知识，例如通过情境化场景将海洋科普教育内容故事化或游戏化
3	知识众筹	平台向不同用户筹集各种类型资源（文本、图片、动漫和影视），丰富平台知识容纳量

	"众包"任务类型	相 关 描 述
4	知识分类	平台生成海洋科普教育知识服务相关描述数据单元,例如添加各种语义标签
5	知识评价	对平台的内容编写、资源构建、产品设计研发和教学效果进行评价,促进知识良性发展
6	知识优化	针对某个专题海洋科普教育知识进行多维度优化,满足知识服务个性化和精准化

三、海洋科普教育知识服务"众包"机制相关应用

(一)"众包"机制运用于海洋科普教育知识资源构建

海洋科普教育知识资源构建具有创新、协同、绿色、开放和共享等科学发展的特征。海洋科普教育知识服务"众包"平台如图 3-3 所示,海洋科普教育知识空间用户通过参与教材、教学资源、教学产品的"众创""众测""众评"和"众销"推广,构建"众包"知识数据库,利用"众包"协同机制构建学习共同体,在教材、教学资源需求调研、设计和研发方面进行众创。在教材和教学资源测试评价方面,利用"众包"协同机制进行"众评"和"众测";在教材和教学资源推广方面,进行众销。海洋科普教育知识空间用户深度参与海洋科普教育的各个环节,实现教、学、研有效结合,改变传统用户在线发展平台仅以提供教学学习资源上传下载为主要目的的局限,能有效激发用户自我提升的意识,实现用户海洋科普教育能力的持续发展。同时,项目通过众包机制汇集调动社会各方的人力、物力资源参与海洋科普教育工作,将改变目前海洋科普教育仅由国家教育部门为主导的模式,大大加速国家海洋意识教育目标的实现。

(二)"众包"机制运用于海洋科普教育知识本体构建

在海洋科普教育知识本体构建过程中,由于知识服务对象存在个性

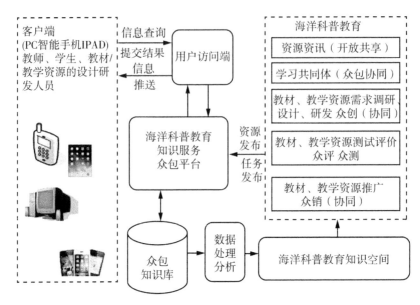

图 3-3　海洋科普教育知识服务"众包"平台

化、多元化和情境性的知识需求，仅通过个别专家的模式，难以建立服务于不同知识服务对象、不同情境的知识本体，在此条件下，让知识服务对象参与到知识本体构建过程中，并采用社会信任计算的算法进行知识内容构建，有利于促进更加完善的海洋科普教育知识本体生成和知识工程应用。在"众包"机制运用于知识本体构建过程中，本书首先选择海洋科普教育某个主题活动，然后面向所有用户分发定制的以下"众包"任务：

（1）知识本体语义标注任务：任务的主要目的是利用网络群体智慧完善知识本体概念和概念关系。

（2）知识本体语义标注核实任务：任务的主要目的是对知识本体语义标注任务进行相关核实，以判断知识本体概念和概念关系标注是否合理和正确。

由于时间、地点和关键术语不同，海洋科普教育知识本体通常不在全部用户的兴趣范围内，通过众包机制寻求共同点、共享时间线，就新出现的感兴趣主题进行合作，弥合学术人员和技术人员之间的分歧。由于"众包"领域的知识流动不是双边的而是多边的，这些分歧比单纯的学术界和技术人员之间的分歧更为复杂，因此在海洋科普教育知识本体构建过程中，平台还需要建立相应知识工程质量服务控制机制进行调控和管理。

(三)"众包"机制运用于海洋科普教育知识服务解决方案

本书运用"众包"机制探讨海洋科普教育的知识服务方案，构建适合不同地区海洋教育知识服务方法论，以期对海洋科普教育提供更有效的知识服务。在众包机制视野下，海洋科普教育知识获取、知识分析、数据库的建立、推理策略、控制策略、冲突消解等方面需要进行合理的"众包"任务细分，还要考虑"理念与设计"和"实施与运作"两个阶段的具体相关问题，以解决"知识服务方案如何众包技术实现"的问题。在"众包"机制下，海洋科普教育知识服务应用不同的技术，来实现体系结构、技术架构和编码，对其进行技术试用和效果评价，把实践性知识提升嫁接到适合不同地区以及不同服务主体的海洋教育知识服务系统之中。

第四节　知识工程服务质量控制

一、知识工程相关概念

(一)数据、信息和知识

知识具有社会化结构特性，它是通过人与人之间互动产生的，不能以传统有形资产的方式进行管理。知识与文化一样，以高度抽象的形式存在于各种管理组织内。

在以知识为基础的知识工程中，我们可以通过数据、信息和知识三者之间的区分，更容易从非知识的角度理解知识相关内涵。

1. 数据

数据是一组离散的客观事实，没有逻辑判断或上下文推理功能。数据与信息系统中的字符有关，或与声音和温度等物理表现有关。当数据被分类、分析、总结并置于上下文中时，它们就变成了信息，接收者可以理解这些有规律的数据。

2. 信息

信息是上下文中可用于决策的数据。数据有规律地排列时，可为观察者提供有意义的信息。信息具有相关性和目的性的数据，可以是文本、图像、电影剪辑和信号等形态。当信息被用来进行比较、评估结果、建立联系和进行对话时，它就发展成知识。

3. 知识

知识可以看作伴随着洞察力、框架经验、直觉、判断力和价值观而来的信息。从某种意义上说，知识代表真理，因此为行动提供了可靠的基础。知识是人们在精神上建构的理解和技能的主体。在通过与信息（通常来自其他人）的交互过程中，知识可以得以增加和进化。随着数据和信息被处理和解释，原始数据转化为相关信息，并在分析思维过程中被赋予特定意义，它们在效用和价值上都会有所增加，然后转化为共享的、有意义的和有用的知识。

(二)知识流

知识流(knowledge flow)依赖于主体活动中知识的产生和流动。前文阐明了数据、信息和知识三者之间的区分关系。原始数据和信息转化为有用的知识需要主体的信任和互惠。当知识通过技术传递信息时，它被认为是一种流动。"知识流"作为一种时间和空间流动的概念，反映在对数据和信息管理的普及信息技术方法中：知识捕获、知识存储、知识检索和知识传输，强调了知识数据库的范围、深度和数量以及技术上相互联系的人数，例如网络信息链接的点击次数或课程知识项目的数量。

知识流是在知识工程编码过程中将隐性知识转化为显性知识的过

程。当主体中个人产生的知识融入到组织的日常活动中时，它就充分发挥了知识创造价值的潜力。要关注知识的流动，而不是简单地衡量知识存量。知识流是一个复杂的过程，知识需求或知识落差等因素决定知识流动的方向和影响要素。知识流也是一种动态性过程，包含知识需求、知识获取、流动控制、知识应用和知识优化等内容。

（三）海洋科普教育知识流

在海洋科普教育知识服务环境中，知识服务任务通常由一组具有与任务相关的知识和专业知识的人员执行。每个组可能需要不同海洋科普教育主题和文档的任务相关知识来完成其知识任务。知识工程的知识流通过推荐合适的知识来满足知识用户的信息需求，这对解决知识过载问题和主动支持知识用户执行任务非常有用。用户的知识需求行为通过建模方式形成知识流，以表示其知识需求随时间的变化。然而，随着时间的推移，用户群体的知识需求可能会发生变化，因此很难对用户群体的知识需求行为进行建模。此外，大多数提供知识服务个性化推荐的传统推荐方法不考虑用户的知识流，也不考虑群体中大多数用户推荐任务知识的信息需求。为了更好地完成知识服务任务，海洋科普教育知识服务平台需要整合知识流挖掘方法，基于用户群组的知识服务推荐方法，包括基于用户群组的协同过滤和基于用户群组的内容过滤，以主动地为用户群组提供与任务相关的知识服务。

海洋科普教育知识服务流程图如图 3-4 所示，针对知识服务设计目标，围绕用户知识需求，设计了知识源、知识输入端、知识获取、设计活动和知识输出端等知识流动环节，以知识需求为驱动，通过合理地设计活动，为用户提供海洋科普教育知识服务。

二、知识工程领域的服务质量

（一）服务质量

在知识工程领域中，知识服务主体和知识服务环节不断增加，知识服务环境日趋复杂，导致知识服务质量表现出更多的不稳定性，产生了

75

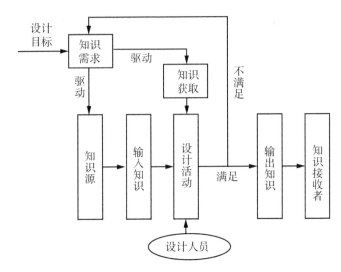

图 3-4　海洋科普教育知识服务流程图

知识服务无次序状态、不区分服务和缺乏服务保障等问题。

　　知识工程领域的服务质量主要包括知识服务环境质量、知识服务交互质量、知识信息质量和知识服务结果质量四个方面。通过控制知识流的规范化运作，知识流各节点环环相扣，促进不同知识服务主体进行多维协作，实现各类知识服务要素的优化配置，通过知识间描述和被描述的关系，将不同的知识信息依据知识服务元素关联成为一体，建立知识工程各要素和知识流单元之间的整合、汇聚和应用。

（二）海洋科普教育服务质量

　　海洋科普教育服务质量为了保证能同时满足不同的知识服务应用类型和不同用户的知识流传输要求，在传输知识流时，要求满足一系列知识服务请求，可有效地为用户提供端到端的知识服务质量控制或保证，解决知识工程中知识服务无次序状态、不区分服务和缺乏服务保障等问题。在海洋科普教育知识工程构建过程中，平台通过建立知识工程质量服务控制机制进行调控和管理，重点关注知识服务交互质量、知识信息质量和知识服务结果质量等几方面的调控和管理，以达到知识服务质量最优化。

海洋科普教育服务质量控制流程模型能够帮助用户明确知识服务质量控制中各要素、各知识流单元间的内在关联，更好地开展知识用户群体协同合作，提高服务质量控制效率，具有知识动态聚类、知识自动分类、知识概念关联分析、知识自动标引和知识自动文摘等功能，为用户提供了精确的、有用的知识服务，提高了用户知识服务效率，为海洋科普教育知识服务质量控制提供了保障。

三、海洋科普教育知识工程网络服务质量控制

(一)海洋科普教育知识工程网络服务质量框架

为了各个网络节点能够确保知识流和服务要求得到满足，海洋科普教育知识工程网络服务质量框架如图 3-5 所示，设置控制层面、数据层

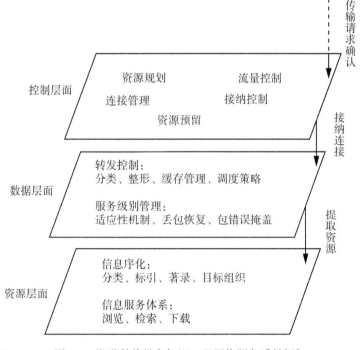

图 3-5 海洋科普教育知识工程网络服务质量框架

面和资源层面等层面，采用不同的服务质量管理机制，进行资源规划、流量控制、转发控制、服务级别管理和信息序化等方面的调控和管理，有效地为学习者提供端到端的网络服务质量控制或保证。

根据海洋科普教育知识服务业务分类及特点，本书在进行网络服务质量优化设计时，着重考虑以下几个要素：

(1)知识流的可靠性：网络的不同节点之间特定应用知识流的，为学习者提供可靠的知识流；

(2)知识流的时延：知识数据包在网络的两个节点之间传送的平均往返时间，其中包括源请求建立知识业务的时间和建立后接收信息的时间；

(3)知识流的抖动：由单个知识数据包到达时间的可变性引起，在传输层尤其明显，通过缓存可以消除或减少知识流的抖动；

(4)知识流的误码率：知识流在传输中比特错误率或数据包丢失情况；

(5)知识流终端：知识流终端对知识流报文进行接收缓冲、分类、标记、压缩等需要消耗系统资源的配置。

教育平台的知识流在应用规模、覆盖范围和用户数量等方面发展得非常快，同时，学习者基于教育平台开展越来越多的知识应用。海洋科普教育知识工程网络服务质量框架需要重点关注知识网络节点服务能力。海洋科普教育知识工程通过网络知识流服务质量优化设计，根据网络知识流服务质量类型为各种各样的"知识流"提供可靠的保障，为用户提供网络管理，避免空间拥塞、避免数据的丢失、调控网络流量等，提高知识流的可靠性，减少知识流的时延，消除知识流的抖动，降低知识流的误码率，从而保证整个通信网络的服务质量。

(二)海洋科普教育知识工程网络服务质量控制过程

在海洋科普教育知识工程网络传输过程中，会话型和流媒体型等实时知识流需要提供相应处理优先级服务质量保证，通过标记对应承载的服务质量知识流能力，进行知识流映射和资源分配，同时，根据网络接纳控制资源情况和网络负荷情况，对不同用户的知识流监控。针对用户的知识质量需求，对知识流的服务质量等级进行分类，修改商定的服务质量参数，将不同"知识流"类型按对应的服务质量业务进行相应的处理，从而对网络资源进行有效的接纳控制，实现网络承载业务的互通使用，保障海洋科普教育知识工程网络服务质量最优化。

1. 知识流资源分配策略

在网络传输中，知识流资源分配的不公平会导致传输拥塞，甚至可能会引起崩溃。因此，制定知识流拥塞控制策略提高网络资源的利用效率和公平性，是实现端到端服务质量的关键。海洋科普教育知识工程通过对网络知识流划分成不同优先级的分组，然后把知识流划分在不同的队列，再利用拥塞控制策略使网络资源在不同级别的知识流之间进行合理分配。同时，利用计算机算法"基于类的加权公平队列"对网络资源进行合理调度，从而提高网络资源的利用效率且保证知识流的公平性。

海洋科普教育知识流资源分配策略如图 3-6 所示。首先，对知识流的数据包进行数据分类，设置知识流队列数目，根据知识流服务质量的权值，将知识流划分于相应的知识队列中，优先保障服务权值高的知识流，满足学习者不同知识流资源分配。知识流资源分配策略允许通信基于标准或扩展的分类，例如知识流访问控制列表、服务协议和服务质量标记等。

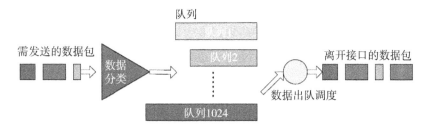

图 3-6　海洋科普教育知识流资源分配策略

2. 区分服务模式的知识流优化

海洋科普教育知识工程区分服务模式对于不同的"知识流"给予不同的网络服务功能，优先级高的知识流优先分配网络资源。区分服务在核心转发控制点根据知识流数据包字段进行分类，区分服务模型是一种保证知识流服务质量比较好的解决方案。海洋科普教育区分服务模式知识流优化处理如图 3-7 所示，其中，服务支持节点（SGSN）完成知识流转发、知识数据逻辑链路管理任务，区分服务体系结构（DiffServ）骨干网络是整个网络体系的核心部分，主要功能是对接收到的知识流进行分类、整合以及汇聚，所有后续知识流的服务质量按照特定的策略转发给网关支持节点（GGSN），知识流分组数据包进行协议转换，从而保证网络传输的服务质量实施。

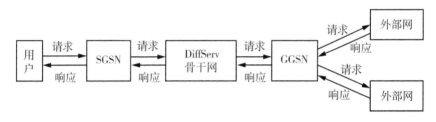

图 3-7　海洋科普教育区分服务模式知识流优化处理

3. 海洋科普教育知识流量监管及整形

海洋科普教育知识流量监管及整形如图 3-8 所示。海洋科普教育知识流量监管利用承诺访问速率机制对知识报文的相关流量进行管理，避免数据从高速链路向低速链路传输时发生知识数据丢失严重的情况，通过对不同知识流进行标记和分类，为网络内部节点实现知识流区分服务。在网络通信应用中，对某些知识应用的流量进行控制，是一个控制和改善网络服务质量的有效方法，例如控制非重要知识流的带宽占用率。

海洋科普教育知识流量整形是一种主动调整流量输出速率机制，用于解决知识链路接口参数不一致带来的问题，使接口上的知识流量符合设定的流量特性，有利于确保核心网内各个知识流之间相互配合，降低知识流数据包丢失率，提高知识服务质量。其具体的实现方法是对知识流报文的流量进行限制，对超出流量约定的知识流报文进行缓冲，然后在适当的时候将缓冲的知识流报文发送出去。

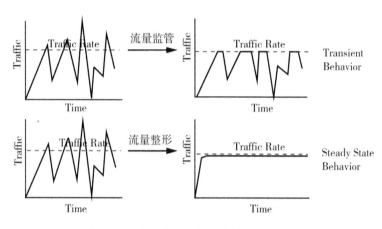

图 3-8 海洋科普教育知识流量监管及整形

海洋科普教育知识流量监管及整形服务质量配置命令如下：

```
class-map policed
match protocol http
class-map shaped
match access-group name 100       //设置访问控制列表
policy-mp test
class policed
police 640000 60000 60000 conform-action transmit
exceed-action drop
class shaped
```

shape average 128000

interface serial 2/1

ip unnumbered loopback0

service-policy output test　　　// 在出站接口应用服务
　　　　　　　　　　　　　　　　　　策略

ip access-list extended 100 permit tcp any ftp-
data any

(三) 海洋科普教育知识工程网络服务质量实验方法及结果

海洋科普教育知识工程网络服务质量实验拓扑如图 3-9 所示,实验
拓扑网络分别由核心层路由节点、汇聚层交换机节点、边界路由节点、
边界服务器节点和各种终端等网络节点组成。实验创建连接两个虚拟网
络的用户,用户网络之间进行不同知识数据包转发、各种知识应用程序

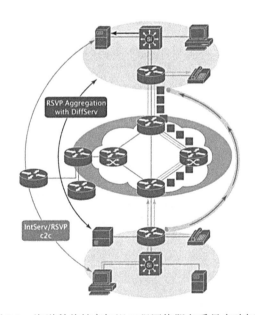

图 3-9　海洋科普教育知识工程网络服务质量实验拓扑

网络服务调用。海洋科普教育知识工程网络服务质量实验在网络拓扑中进行命令配置，分别测试知识流资源分配策略、区分服务模式的知识流优化和知识流量监管及整形和知识流优化算法，并监控几种策略及优化方法相关知识流量服务质量的情况。

海洋科普教育知识工程网络服务质量实验配置命令如下：

```
class-map Gold      //定义分类的策略
match access-group name 100      //匹配访问控制列表
match protocol napster      //匹配协议
policy-map cbwfq-sample      //定义策略映射表
class Gold      //调用分类策略 class map
bandwidth 512      //网络带宽设置
queue-limit 30      //定义尾丢弃机制允许的队列中数据包个
                      数的上限
max-reserved-bandwidth 64      //设置最大预留带宽
service-policy output cbwfq-sample
                      //在出站接口应用服务策略
access-list 100 permit ip host 10.0.0.1 any
                      //定义访问控制列表
```

优化处理实验结果如图 3-10 所示，随着时间推移，知识流优化处理方法公平地分配知识流网络带宽，提高知识流的网络吞吐量，显著降低知识数据包的丢包和延迟，区分服务保证海洋科普教育知识流网络端到端的服务质量，为用户提高知识流的可靠性，减少知识流的时延和知识报文的丢失率，消除知识流的抖动，有效地为用户提供良好的端到端的网络服务质量。

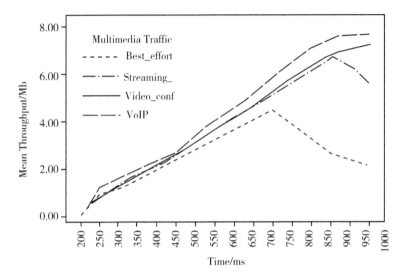

图 3-10　海洋科普教育知识流优化处理实验结果

第四章　可视化海洋科普教育设计与应用

第一节　可视化海洋科普教育理论

一、可视化理论

俗话说"一张图片胜过千言万语"，可视化是用于创建图像、图表或动画以传达消息的任何技术。可视化是抽象信息的图形显示，有着两个重要目的：感知(也称为数据分析)和通信。我们的数据和数据可视化的重要任务就是发现和理解数据中的"故事"，然后用可视化手段将"故事"呈现给其他人。数据信息是抽象的，因为它描述的是看不见和摸不着的非物理性的东西。统计信息是抽象的，无论是知识认知程度、答题错误发生率、学习者学习趋势，还是其他任何统计信息，即使它与物理世界无关，我们仍然可以通过视觉方式来展示它，但要做到这一点，我们必有找到一种人类感知理解的设计方法，将数据转化为视觉的物理属性(长度、位置、大小、形状和颜色)，以便有效地可视化"有故事质量"的数据，并将其应用到我们的教育课程中。

(一)可视化理论研究动态发展阶段

在人类社会中，我们通过对数据、信息和知识进行可视化，有效地传达抽象认知和具体思想。古代洞穴壁画、中国象形文字、古希腊几何学和莱昂纳多·达·芬奇用于工程科学的绘图方法等都是历史上的典型可视化例子。随着人类的进步，可视化技术获得相应的发展，特别是近几个世纪以来，每一个世纪都会带来新的可视化方法论。随着辅助计算的列线图的发展，除了列线图之外，人类还创造了其他有影响力的可视化成果，包括现代图形形式，如线图、柱状图、散点图等。可视化的历史可追溯到 16 世纪用来辅助导航和探索的地图；17 世纪出现的解析几何，以及用来估计时间、距离和空间的可视化测量和理论，使用图表来说明数学证明和函数，建立了可视化重要的研究和信息处理领域。伴随着视觉思维的诞生，可视化发生了变化，在 20 世纪，信息可视化开始变得越发重要。例如，随着计算机的出现，可视化作为一种探索和理解数据的手段被引入，帮助人们进行信息可视化的应用，人们可以通过计算机查看数据和与数据进行交互。

(二) 可视化理论研究趋势

今天的可视化及其技术又一次扩展和发展，知识可视化系统在大型网络、数据库和文本等领域广泛应用，特别是为那些持续出现大规模数据呈现问题的组织提供解决方案。可视化是一个跨学科领域，旨在研究大规模非数值类型信息资源的视觉呈现，形成以直观方式传达抽象信息的手段和方法。可视化在科学教育、系统工程(如产品可视化)、交互式多媒体和人体医学等方面具有不断扩展的应用。计算机图形领域是可视化的典型应用，特别是虚拟现实的发展，有助于进一步推动可视化应用。动态形式的可视化，如教育动画或可视化时间表，可以增强随时间变化系统的学习。在大数据时代，动态性和复杂性数据为可视化理论的发展带来了新的挑战，以理论方法为指导，运用新的研究方法，以解决实际问题为应用导向，让没有意义的数据变成有价值的知识。

在信息技术领域，可视化被定义为：通过计算机图形学、计算机视觉和图像处理等技术，将数据、信息和知识转换成能在各种屏幕上显示出来的图形、图像和动画，并进行人机交互处理的理论和技术方法。可视化的重要方面是视觉表示和交互性的动态。强大的技术使学习者能够实时修改可视化，从而在所讨论的抽象数据中提供无与伦比的模式和结构关系感知知识可视化。信息技术领域可视化涉及计算机辅助设计、计算机图形学、计算机视觉、图像处理等多个信息化领域，成为研究数据、信息和知识表示、处理、分析和决策等的综合技术。

二、可视化教育理论

可视化教育正在使用模拟来创建某种形式的图像，以便对其进行教学。这对于展示在教学过程难以看到的主题(如海洋生态结构)非常有用。千百万年来，视觉一直是人类收集经验数据的主要方法。近 80% 的信息通过眼睛进入我们的意识感官世界，使视觉成为我们发现、学习知识的主要途径。可视化，意味着看到或触摸的对象的感知和作为这种感知的产物的心理图像，被认为是一种心理图像主要策略的想法。可视化寻求因果解释世界经验中的现象，在科学教育中发挥着重要作用。可视化教育是一门科学，也是一门艺术，以我们的眼睛能够辨别、我们的大脑能够明白为目标，对教育相关信息可视化编码。可视化教育通过研究人类的感知，将抽象的教育信息转换为可以轻松、高效、准确和有意义的编码的视觉表示，为教育领域有效的数据探索和学习意识形成提供了丰富的潜力。

在可视化教育体系中，可视化是学习者在学习教学过程中理解复杂知识的有效方法，数据可视化是一种使数据可见、可用和清晰的策略，供学习者构建、组织、评估、注释知识并建立沟通。通过数据可视化，学习者有机会使数据更易于访问、理解、改进和管理。图形组织、草图、象形图、概念图和模拟在数据可视化中发挥着重要作用。随着视觉数据和数字工具的不断增加，阅读和构建视觉数据已成为一种个人的需要。信息可视化包含许多组件，如图像、图形、图表、文本和流程图。基于它的结构，信息可视化以一种逻辑顺序呈现数据，并通过这一特征成为关于特定主题的叙事文本的替代结构。信息图形涉及数据可视化中使用的许多组件，它使数据能够以不同的视觉格式呈现。信息可视化可以为不同的教学目标服务。它很容易提醒现有的知识，显示概念之间的关系，解释过程和事件，并通过信息图表总结信息。教学的主要目的是将知识传授给学习者，培养学习者的思维能力。可视化过程涉及对一个对象或一个事件的设想，通过一个交互式的可视化工具，将一个结构转换为物理世界。在教育中运用可视化，可以从认知和感觉两个方面对学习者产生积极的影响。在对有学习困难的个体进行教学时，可视化能发挥更加明显的作用，因为可视化能使复杂的概念更加具体化和形象化，并且可以同时使人的多个感官参与进来，吸引有学习困难的个体的注意力，增强其学习动机，帮助组织信息，提高学习困难者的学习效果。

在可视化教育中，知识可视化是一个新兴的领域，在这个领域中，视觉图像被用来构建和传达复杂的见解，以提高理解和交流。知识可视化使用视觉表示在至少两个人之间传递知识，旨在通过互补地使用计算机和非基于计算机的可视化方法来改进知识的传递。这种视觉格式有草图、图表、图像、对象、交互式可视化等。信息可视化专注于使用计算机支持的工具来获得新的见解，知识可视化侧重于转移洞察力并在群组中创建新知识。除了传递事实以外，知识可视化更重要是进一步传递见解、经验、态度和价值观。

知识可视化已广泛应用于各种学习环境中，以增强学习认知、促进学习思维和科学探究。通过使用各种技术来表示学习认知结构或心理模型，知识可视化可以促进更深层次和多视角的理解，如解释和抽象。解释运用熟悉的表征来支持或修正对不太熟悉或更抽象的知识的理解的偏差。例如，通过将抽象概念与具体现象联系起来，将新的见解与已经理解的概念联系起来，以及模拟复杂的对象或过程来传达抽象概念。抽象揭示了概念的底层结构，抽象还可以包括以概念图、知识结构、概念框架等形式创建和组织高级概念、动作和过程。抽象传达的知识通常是示意性和分析性的，其格式通常是高度结构化和系统化的。除了深度理解和高水平思维之外，知识可视化还可以帮助学习者发展对其心理表征的认识，从而支持元认知，这可能有助于促进概念变化和知识转移。

三、可视化海洋科普教育理论

可视化技术已经在科学教育中得到了有效的实践，本书探讨如何把可视化教育价值整合到海洋科普教育课程中。海洋科普教育可视化使用计算机支持的工具来探索海洋科普教育的抽象数据，并以便于学习者交互进行探索和理解的形式表示抽象数据。可视化海洋科普教育主要涉及以下几方面理论：

1. 多学科协同应用理论

海洋科普教育是教育学、信息科学、地理学和统计学等的综合交叉学科领域。例如，海洋地理空间数据和网络数据(例如知识节点和链接图)可视化与教育学中的"教育场"相关理论协同应用，简化知识系统复杂性，增强知识点理解，便于学习者之间对话、探索和交流。海洋科普教育知识所涉及的主题都包括多个知识单元，其中每一个知识单元都会影响多个其他知识单元，如果不采取知识可视化，则无法看到知识形态的全貌，也就无法掌握全面的知识单元。海洋科普教育可视化系统，通过智能算法将个性化、无共同特征的知识文本打碎、分类、重组、挖掘和优化，最终呈现出具有指导性的知识可视化图表。依靠多学科技术和研究思路的交叉融合，在可视化理论和可视化教育理论基础上，加强与海洋科学的交叉融合，利用信息化技术进行优化处理，可视化海洋科普教育的研究会进一步呈现泛化的趋势。

2. 情感分析理论

情感是人对客观事物判断是否符合个人需要而产生的情绪体验。情感是知识向智力转化的动力，对学习者的学习动机、兴趣、信念、想象、思维、创造力等因素具有影响与调节作用。可视化海洋科普教育"情感分析"应用为学习者提供科学的情感评估服务，利用网络社会媒体分析学习者的情感特征。学习者评论知识点留下原始的文字和数据信息，通过计算机情感评价模型构建、挖掘出学习者的观点及其隐含的语境情感信息。可视化海洋科普教育"情感分析"从学习者的角度评价知识教学效果，作为一种学习质量评估方式和学习者反馈分析机制，激发学习者的参与热情，形成良性双向互动，促进教育服务与学习者的共同进步。

3. 教育传播学理论

海洋科普教育可视化教学设计是教育技术范畴中的核心内容，而教育传播学理论是教学设计的关键理论之一。教育传播学综合运用传播学与教育学的理论和方法，去研究与揭示教育信息传播活动的过程与规律，以求得最优化的教育效果①。教学设计的主要研究对象是教学系统和教学过程。根据传播学的观点，教学过程是一个教育信息内容传播的过程，所以教学设计和教育传播学存在着密切的联系。海洋科普教育可视化通过改进的人机交互界面，借助于教育传播学理论来分析教学设计，优化教学过程，提高教学效果，有效利用资源等。教育传播学理论有助于分析和解决海洋科普教育可视化设计问题，结合多学科协同应用新思路，如扎根理论、实验法和社会学方法等，注重教学过程多因素综合分析，使教学设计更加科学和客观。

4. 复杂系统理论

复杂系统理论为研究教育生态系统工程提供了一些新的范式，将复杂性科学与教育生态系统理论相结合，是研究海洋科普教育可视化问题的有效途径。可视化系统具有交互形式丰富、学习者真实感强等优点，同时还具有涌现性、学习性和适应性等复杂系统特性。由复杂系统理论支撑的科学可视化可以帮助学习者理解海洋科学、技术和工程等复杂性科学问题。

---

① 南国农，等．教育传播学［M］．北京：高等教育出版社，2015.

第二节　可视化海洋科普教育方法

一、海洋科普教育思维可视化

"思维导图"一词最早由西方学者 Buzan 在 20 世纪 90 年代提出，他将其描述为一种教学策略，学习者将超坐标概念描绘在纸上，然后根据需要，将超坐标概念链接起来。它被视为帮助学习者通过组织他们的想法来克服问题的有力工具，使用图表来提高人们思考能力的想法，这个辅助工具被命名为"思维导图"。思维导图是利用图像来呈现围绕中心主题的思维。每一个思想都作为一个节点而出现在图上，并且可以链接到其他节点的语义关系。由于语义关系之间的联系，每个概念都可以用图形表示，并且可以超链接到网页或其他互联网资源。

思维导图有很多名称，如概念图、语义图、思维链接、图形组织或认知图等。根据 Buzan 的观点，思维导图试图以视觉和图形的方式描绘一种思想或概念的关系。在知识管理研究领域中，这些思维地图统称为"思维可视化"。思维可视化由有用且有组织的想法组成，在决策中非常有用，并且可以作为一个高度动态的工具来重组想法。目前，在思维可视化工具中，思维导图(mindmaps，也称为"心智图"或"脑图")、思维图示法(thinkingmaps，也称为思维地图)和概念图(conceptmaps)是代表性的思维可视化研究领域。

在计算机支持的协作工作中，海洋科普教育可以基于网络技术的思维可视化工具(例如 Mindmeister)，利用共享思维导图进行协作学习，可以帮助管理员完成任务，充分理解和掌握学习者的思想情况，组织共享思维导图班级和小组。通过共享思维导图的主题设置，海洋科普教育可以根据学习内容设置相关学习主题，使学习者根据主题完成思维导图，并通过该过程达到相应的学习效果。当学习者进行主题学习时，学习者通过思维导图，以可扩散的形式输入主题相关的关键词，这有助于学习者发展整体思维和技能，因为思维导图有助于学习者发展逻辑，分层组织思想，构建图像，从而捕捉各种想法之间的关系。

在海洋科普教育可视化实验时，管理员在系统中建立了思维导图主题，并在系统中建立了相关主题的数字信息档案。在完成思维导图之前，学习者需要进行一次测试，旨在评估学习者在接触系统提供的信息资源之前对相关主题的理解程度。然后，学习者才开始在管理员建立的主题数字信息档案中学习数字信息。在比较共享思维导图之间相似性的基础上，系统进一步推荐知识结构相似的思维导图供学习者观察，以便学习者查看其他人的不同想法。如果学习者发现自己的思维选项与他们观察到的其他人的选项不同，学习者就可以通过思维比较并进行自我学习，补充和完善前期的思维导图结构。

海洋科普教育思维可视化应用的关键点：在可视化的过程中，以解决问题为导向，需要准确把握思维可视化的内涵和作用机理，并将其合理运用，综合运用思维可视化工具（例如思维图示法、概念图和思维导图）和思维策略工具（例如柯尔特思维方法和六何分析法（5W1H）），结合具体的思维策略对知识可视化结构进行修正，思维策略工具和思维可视化工具两者充分运用，才能发挥出思维可视化应有的价值。海洋科普教育思维可视化的意义和价值不是为了画出漂亮的图形，而是需要以解决某个具体的问题为目标。如果离开了问题的导向，学习者思维激发就失去了指引方向，思维整理方面也就失去了相应依据。海洋科普教育思维可视化以解决问题为导向，才能大幅提升思维可视化的意义和价值。例如，先提出"是什么导致事件的发生"以及"该事件会引发怎样的结果"这样的问题，再选择适当的思维导图表达出来，学习者思考问题的深度和广度就可以得到较大幅度提升。

二、海洋科普教育知识可视化

知识可视化是在数据可视化、科学计算可视化、信息可视化基础上发展起来的领域，应用视觉表征技术促进知识的传播和应用①。海洋科普教育知识可视化可以帮助学习者组织知识，使他们能够更好地理解海洋科普教育材料中的关键概念和原则。海洋科普教育视觉空间有助于心理画面的建构和再创造。模型、插图和地图不仅给学习者提供了一种"第二种认知方式"，还将这些对象、过程、周期、系统和事件直接带到了学习者伸手可及的范围内。知识可视化为学习者认知和理解的一种表现，是帮助学习者在口头和视觉上表达自己的一种极好的方式。在海洋科普教育中，学习者可以使用图形表示，这可能有助于头脑风暴过程。将图像与概念联系起来，是一项创造性的任务，需要的是思考，而不是记忆，用视觉技能来表达学习的学习者，其学习效率比单纯的文字学习者高。

海洋科普教育知识可视化包含了故事图、概念图、语义特征分析、流程图、归纳塔、结构化大纲和学习指南等。在本书中，我们重点关注学习指南、流程图和概念图。每一种知识可视化方法都可以在海洋科普教育的不同阶段中使用，在课程的各个步骤(模型、指导性实践和独立实践)中应用。概念图，被称为认知组织者或视觉展示，允许学习者从大量的信息中以视觉方式安排组成的想法和细节，清晰地显示概念，并使概念之间的隐含关系变得清晰，使用线、箭头和空间排列来描述文本内容、结构和关键概念关系。在海洋科普教育中，概念图可以为学习者提供附加新信息的知识。知识图，在图和机器语言中表示一组实体及其关系，以便进一步处理和推理。它通过个体知识图的自动组合来支持协同知识构建。与概念图相比，知识图的学习有助于在探索个体知识图和聚合知识图中表示的概念之间的关系时吸引更多的认知元素参与。

知识图谱(knowledge graph)，称为知识域可视化或知识领域映射地图。在海洋科普教育中，我们可以利用知识图谱显示海洋知识及海洋文化发展进程与结构关系，用可视化技术描述海洋科普教育知识单元及其

---

①　李克东.可视化学习行动研究[J].教育信息技术，2016(22).

载体，构建和绘制海洋科普知识进程与知识之间的联系，展示其认知结构、进化历史以及整体架构，使得海洋科普知识通过空间布局形象地展示，有助于海洋科普知识检索、分类与知识服务。近年来，国内海洋科普教育研究主题分布情况如图 4-1 所示，国内海洋科普教育发文量和被引次数变化趋势如图 4-2 所示，知识图谱有助于我们研究海洋科普教育的知识结构、研究热点和发展趋势。

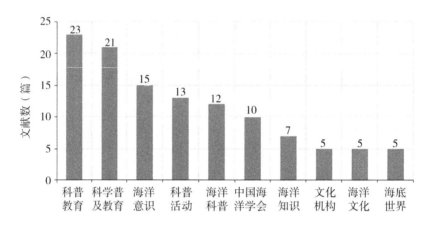

图 4-1　海洋科普教育研究主题分布情况

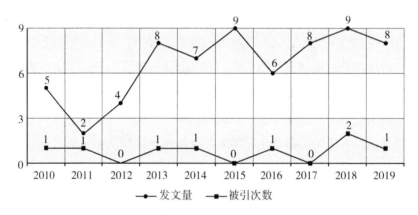

图 4-2　海洋科普教育发文量和被引次数变化趋势

三、海洋科普教育时空可视化

随着信息技术的高速发展，教育信息系统蕴含着丰富的时空知识数据，具有时间特征和空间特征，需要有合适的时空知识可视化来描述其结构和特征。时空知识数据包含了时间序列、空间序列、时间和空间序列等模式，可利用时空立方体模型等方式对其进行有效的管理和利用。

在海洋科普教育中，"时空观念"是学习者了解和理解海洋历史的基础。在特定的时间和空间背景下，"时空观念"是学习者对事物进行有效观察、分析、应用的意识和思维方式。海洋科普教育时空可视化可以结合时间轴、事件年表、空间示意图、地图和人物年谱等方式描述、分析复杂的相关海洋历史信息，从而帮助学习者架构海洋意识时空框架，树立多维度海洋意识"时空观念"。在海洋科普教育实践中，时空可视化涉及时间维度和空间维度两个重要维度。时间维度包含了物理时间和钟表时间等自然时间，也包含了结构时间和事件时间等社会时间；空间维度包含了地理空间和物理空间等自然空间，也包含了行为空间和信息空间等社会空间①。相应地，海洋科普教育时空可视化分析包括时间可视化分析、空间可视化分析和时空混合可视化分析等多个不同层次，共同组成一个复杂时空可视化分析的系统。

海洋科普教育时空可视化有以下两个重要应用方向：

(1)时空可视化的海洋科普教育资源设计与开发；

(2)海洋科普教育中学习者行为时空分析。

(一)时空可视化的海洋科普教育资源设计与开发

时空可视化的海洋科普教育资源设计与开发流程如图4-3所示。例如在"中国南沙群岛"海洋科普教育主题资源构建过程中，我们可以在历史角度下融合时间序列，结合南沙群岛自然地理的空间信息进行教学资源设计和开发。在南沙群岛历史事件和争端信息方面，以文字材料描

---

① 顾金土.社会时空分析的类型、范例及特点[J].人文杂志，2013(7).

述为主，造成历史事件时间和空间细节情况学习费时费力，从宏观、中观、微观了解争端的时空关系难度增大。时空可视化的海洋科普教育资源通过知识图谱来表达南沙群岛历史事件的时空变迁过程。时空可视化的南沙群岛科普教育资源如图 4-4 所示，学习者点击感兴趣的岛礁浏览、漫游和查询相关科普信息。

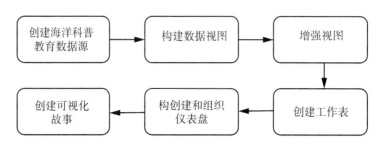

图 4-3　时空可视化的海洋科普教育资源设计与开发流程

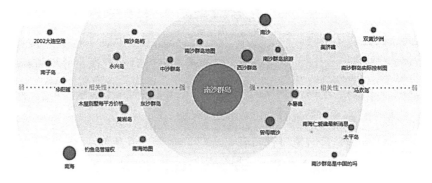

图 4-4　时空可视化的南沙群岛科普教育资源

(二) 海洋科普教育中学习者行为时空分析

知识流动性作为知识空间的核心和根本特征，网络空间的知识流动和人机交互在实时的时间中接合，形成一个时间数据和空间数据流动性的知识空间。对于学习者行为时空分析，通过采集、分析学习者的时间数据和空间数据中，从页面浏览、关键事件触发、学习路径转化等数据，挖掘出学习者学习时长、知识深度、阅读频率和访问间隔等有价值数据，将学习者相关行为数据转化为漏斗可视化分析图表，从反馈的情报中获悉学习者时空行为，洞悉学习者学习行为特征。海洋科普教育通过学习者行为时空分析，考察学习核心路径逐级留存情况，绘出学习者画像数据，可更好地分析洞察学习者，分析不同学习者的行为差异。学习者分群通过多种组合纬度将学习者细分为不同目标群体，分析人群画像，根据不同人群的知识需求，提供个性化知识服务。海洋科普教育针对特定人群的特征分析、价值分析和知识服务，根据学习者知识服务需求实现程度和满意度模型如图4-5所示，以学习者为导向实现精准化知识服务。

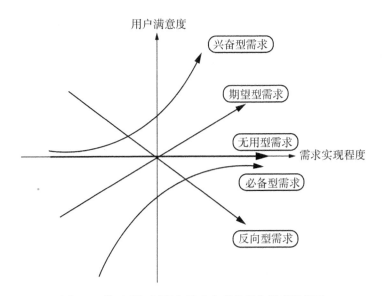

图4-5　学习者知识服务需求实现程度和满意度模型

第三节　可视化海洋科普教育设计

一、六何分析法

六何分析法，又被称为"5W1H"原则。"5W"是拉斯维尔在1932年提出的传播模式，也是一种思维策略工具，后经不断运用和发展，形成了一套完善的"5WIH"模式。六何分析法（5W1H）可视化海洋科普教育设计过程：对海洋科普教育选定的可视化主题，从何因（Why）、何事（What）、何地（Where）、何时（When）、何人（Who）和何法（How）六个重要因素提出问题并进行可视化设计。以问题为导向可视化海洋科普教育设计方法，旨在回答海洋科普教育"何时"（时态数据），"哪里"（地理空间数据），"什么"（主题数据），"与谁"（网络数据和树型数据）的问题，涵盖时间数据、地理空间数据、树型数据和网络数据的分析和可视化，以及交互式可视化的设计和部署。将六何分析法运用于可视化海洋科普教育设计的模型如图4-6所示。综合运用可视化工具和思维策略方法（六何分析法），结合具体的思维策略对知识可视化结构进行设计，思维策略工具和可视化工具两者充分运用，才能发挥出海洋科普教育可视化应有的价值。

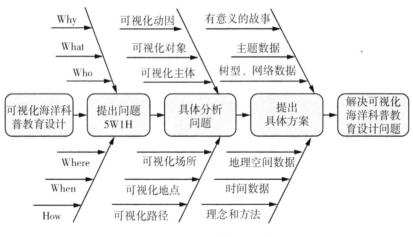

图4-6　六何分析法设计模型

（一）Why——海洋科普教育可视化动因

由于复杂化的抽象信息要数据化和知识化，海洋教育服务平台面临形色各异的数据问题：为什么采用这个可视化模型？为什么要分析这部分数据集？为什么进行数据标注？为什么要把图示标成红色？为什么要做成这种思维形状？为什么采用社会网络分析法？海洋科普教育可视化重要任务就是发现和理解数据中的"故事"，然后用可视化手段将"故事"呈现给其他人。海洋科普教育可视化要找到一种遵循源于对学习者感知理解的设计方法。这种设计方法的理由、根据和目的是什么，也就是我们所说的"动因"（Why）。合理的可视化设计方法才能有效地可视化数据，将抽象数据转化为有知识化的视觉属性，变成"有数字意义的故事"，并将其应用到海洋科普教育课程中。

（二）What——海洋科普教育可视化对象

海洋科普教育可视化对象，即应用主题数据及其可视化来回答"何事"（What）的问题。海洋科普教育"何事"可视化设计，应用主题（也称为结构、语言或语义）的数据分析和数据可视化来描述海洋科普教育具体事件。"主题分析"（topic analysis）被定义为提取数据集其中一组词或词集以及它们出现的频率，以确定一个文本包含的主题。例如，在海洋科普教育中，海洋教育服务平台使用知识点的名称或内容关键词等文本来确定可视化的主题、主题间的关联，以及这部分主题随时间或空间的演变，用不同的符号或图示，标记可视化主题的详细信息和例证，有助于学习者更深刻地理解可视化主题结构和相互之间的关系。

（三）Who——海洋科普教育可视化主体

海洋科普教育可视化主体，即应用树形数据和网络数据及其可视化回答"何人"（Who）的问题。海洋科普教育在这一部分的可视化设计，着眼于树型数据和网络数据的分析和可视化。海洋教育服务平台应用树型数据的分类、组织层次结构等数据结构，结合树视图（tree views）、树形图示（tree graphs）和树形图（tree maps）等多种表达形式，进行组合和显示知识点的分类和相关技术路线图。对于海洋科普教育知识点之间的联系、学习者间的合作和观点的引用关系等有关联的数据，都可以通过网络数据可视化分析其网络特性和结构，如密度、权重、属性和集群等情况。

(四) Where——海洋科普教育可视化场所

海洋科普教育可视化场所，即应用地理空间数据及其可视化来回答"何地"(Where)的问题。海洋科普教育在这一部分的可视化设计，应用地理学、制图学、统计学和其他空间学科领域，通过空间维度进行表述。例如，对于"学习者最感兴趣的海洋科普知识点发生在什么地方?"这些知识点产生、分享和流动等轨迹是什么样的?"等问题，海洋教育服务平台通过海洋科普教育可视化设计，从微观和宏观两个维度进行详细描述。

(五) When——海洋科普教育可视化时点

海洋科普教育可视化时点，即应用时间数据及其可视化来回答"何时"(When)的问题。海洋科普教育"何时"可视化设计，需要理解数据对象的时间分布，通过趋势性的、季节性的或突发性的时间序列数据模式，分析海洋科普教育涉及增长率、高峰期的延迟或衰减率等问题。海洋科普教育可视化时点以时间为维度，对数据进行时间分割，设置不相交的时间框架、重叠的时间片段、累积的时间切片等时间选项，将数据对象按时间标记，对海洋科普教育具有时间特性的知识点进行组织和观察。

(六) How——海洋科普教育可视化路径

海洋科普教育可视化采用怎样的方法? 到底应该怎么实施? 具体的步骤是什么? 围绕这些"何法"(How)的问题，海洋科普教育可视化可以尝试以下路径:

(1)树立从以资源为中心到以学习者为中心的转变理念，识别学习者行为意图，定制个性化知识体系;

(2)知识服务由表层化向深层化发展，依据数据、信息、知识和智慧的学习者认知模型，逐层提高教学目标和服务水平;

(3)制定可视化目标，例如为学习者创建多维交叉可视化学习分析报告，提供可视化教学策略、知识推荐方案和课程内容优化方案;

(4)具体方法:采用信息化手段，由经验驱动到数据驱动转变。选择知识点可视化变量和建立知识点因果关系模型，用路径图形将知识点变量的层次，知识点变量间因果关系的路径、类型、结构等，表述为知识点因果模型，然后通过分析知识点变量之间假设的因果效应，读出知识点路径的相关属性，求出知识点可视化最佳路径。

二、可视化海洋科普教育教学策略设计

教学策略，是以一定的教学理论和教学观念为指导，为了完成特定的教学目标或教学任务，充分关注学习者的身心特点，对影响教学的各个要素如教学原则、教学模式和教学方法进行系统化运用，形成灵活操作的实施方案。

在可视化海洋科普教育中，教学策略设计要尊重学习者学习的个体差异，进行因材施教，满足学习者的学习兴趣和成功体验，让学习者了解和认识自己的学习风格以及相应的优势和缺陷，赋予自己更多的自我认同，选择适当的学习策略，并有意识地拓展学习思路和方法，适应多样的学习环境。学习风格作为学习者个体差异的重要组成部分，是学习者在学习中表现出来的个性特征。学习风格强调的是"差异"，学习风格为因材施教提供了切实的依据，是个性化学习的起点。在学习风格研究领域，学者 Kolb 从认知学习的角度提出了"经验学习"理论，基于对学习过程周期的研究，将学习者划分为聚合型、发散型、同化型和顺应型等类型学习风格，有助于理解学习的实质。

在 Kolb 学习风格理论基础上，本书构建基于 Kolb 学习风格的可视化海洋科普教育教学策略设计模型如图 4-7 所示，该模型由海洋科普教育具体经验、海洋科普教育反思观察、海洋科普教育抽象概括和海洋科普教育主动实践四个模块组成，可视化海洋科普教育教学策略设计从海洋科普教育具体经验开始，在经验的基础上形成海洋科普教育观察和反思，然后把观察同化到海洋科普教育概念和概括中，指导新的海洋科普教育实践。四环节两两结合而表现出不同的教学策略：以海洋科普教育抽象概括和主动实践两环节为主的聚合型教学策略；以海洋科普教育具

体经验和反思观察两环节为主的发散型教学策略；以海洋科普教育反思观察和抽象概括两环节为主的同化型教学策略；以海洋科普教育主动实践和具体经验两环节为主的顺应型教学策略①。

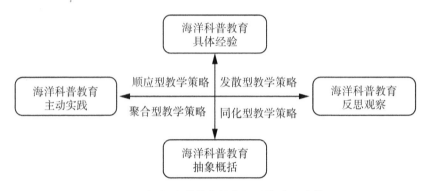

图 4-7　可视化海洋科普教育教学策略设计模型

　　基于 Kolb 学习风格的可视化海洋科普教育教学策略设计，要着重于学习者知识的自我建构，改变传统线下教学的"传递"方式，把学习的空间和主动权更多地留给学习者。学习者是学习的主体，海洋教育服务平台是学习者学习过程中的组织者和服务者。在设计可视化海洋科普教育教学策略时，为了有效地调控学习者学习的过程，必须做好探究时间的分配和控制，合理设计学习目标，引发学习者对知识点的注意和兴趣，激发学习者的学习动机。制定知识目标时要明确让学习者学习什么内容、怎样去学习和学习的水平结果如何。必须思考教学策略所设计的教学方法对学习者的发展有着什么作用？选用学习者较为喜欢的学习方式为其提供服务，同时也要明确海洋教育服务平台在教学中的任务。

　　在可视化海洋科普教育中，制定教学策略时，要设计合理的学习任

---

　　①　郭玲玲. 学习风格与在线学习行为之间的关系研究［D］. 济南：山东师范大学，2007.

务，使学习者面对适当水平的学习目标。学习者的优点和弱点会随着学习任务和希望获得的知识的性质的不同而转换，在各种学习风格领域中都得到均衡的发展，在学习时能适时做出灵活的选择，能适应各种学习情境。开放性的教学形式最容易导致课堂结构的分散和课堂教学进度的滞后。由于时间限制或是根据课程内容多少的不同，学习者运用经验进行自主探究学习（特别是基于实验性的探究）时，要让学习者能在具体经历新内容时有较好的学习效果，则需要较长时间让学习者进行思考，实验探索学习，从而引导学习，掌握学习规律，学会"如何学习"。

第四节　可视化海洋科普教育案例

一、基于头脑风暴式思维导图海洋科普教育设计

以"海洋科普教育设计"为例，本书基于头脑风暴式的思维导图把各级主题的相互关系用层级图表现出来，由中心向外发散出节点，每个节点代表与中心主题连结，每个节点可以成为次中心主题，再向外发散出其他节点，呈现放射性立体结构。海洋科普教育框架设计思维导图如图 4-8 所示，"海洋科普教育框架"作为中心主题，描述知识点之间的相互关系，围绕"海洋科普教育框架"中心主题，多维度整理相关联的知识体系。

海洋科普教育内容设计思维导图如图 4-9 所示，以海洋科普教育内容为中心主题，海洋文化和海洋科技等节点为次主题。海岛文化次主题可以继续展开中国南沙群岛史话、中国南沙群岛渔家、中国南沙群岛考古、中国南沙群岛民俗和中国南沙群岛传说等分支话题。同理，海洋数据次主题可以继续展开海洋模式数据、海洋遥感数据、海洋光学数据和数据分类体系等分支话题。

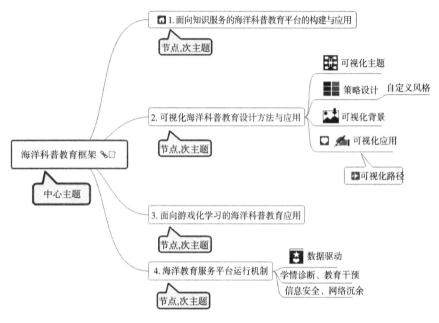

图 4-8　海洋科普教育框架设计思维导图

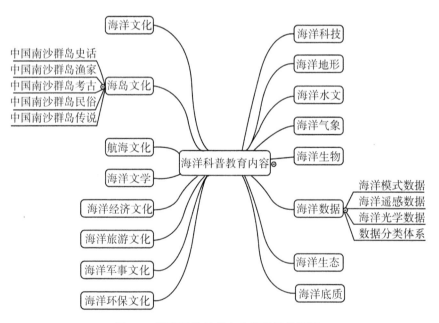

图 4-9　海洋科普教育内容设计思维导图

海洋科普教育专题设计案例思维导图如图 4-10 所示，展示了"海洋文化科普设计应用对策研究"和"海洋科普多媒体课件的研究与开发"两个专题设计案例。

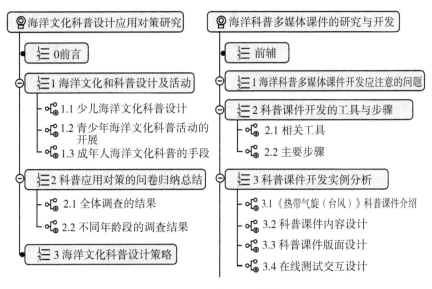

图 4-10　海洋科普教育专题设计案例思维导图

二、可视化海洋科普教育知识流分析

知识流是指知识在人们之间流动的过程或是知识处理的机制，像传统的物流和资金流在各个节点间的流动。在知识时代，学习资源库拥有各种各样的视频和资讯内容，知识流是提供知识为主的内容类程序最重要的媒介样式，广泛应用在以知识为服务的功能工具类、社区类等程序。可视化海洋科普教育知识流分析有助于分析学习者行为特征与知识内容偏好，评估知识内容质量，进而优化知识分发策略。

(一)学习者知识流描述性分析

针对学习者使用海洋教育服务平台知识流的情况，我们可以先将其拆分成问题，然后转化成可视化的模型指标进行分析。

问题一：海洋教育服务平台学习粘性情况如何？

针对问题一，分析"次均使用时长"关键指标。比较海洋教育服务平台整体的平均使用时长与知识流的次均使用时长，可直观反映平台学习粘性情况。

问题二：个性化数据展现策略是否合理？知识是否具有吸引力？

针对问题二，综合分析"次均展现信息数""次均点击信息数"和"信息点击率"三个重要指标，再结合相关点击率水平进行分析。学习者知识流描述性分析策略如图 4-11 所示。

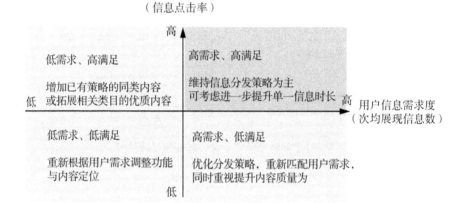

图 4-11　学习者知识流描述性分析策略

(二)学习者知识内容偏好分析

海洋教育服务平台根据内容的差异设置不同分类，如海洋科普推荐、海洋科普热点、海洋科普新闻、海洋科技、海洋文化等。为了解学习者知识内容偏好差异，我们可以通过内容分类筛选进行分析。

(1)比较不同分类的学习者使用规模，分析的指标包括：日均使用学习者数、日均使用次数；比较不同分类的内容的认可度，可分析的指标包括次均点击信息数、信息点击率、次均使用时长。

(2)比较不同分类近日受关注的热点内容差异，在分析数据表中，展示具体分类下的内容信息及其指标。通过按照内容"点击次数"排序，对不同分类内容的排名作横向比较。

（3）追踪特定分类的内容浏览变化情况。在积累一段时间数据后，导出特定分类近日的内容结果，分析内容指标的变化，并与整体平台内容指标比较，判断该分类当前内容教学效果。海洋科普内容关键词共现矩阵可视化分析如图4-12所示，采用社会分析方法，对分类的内容关键词进行精确的量化分析，找出核心关键词，从分析中得到启发，分析海洋科普内容热点问题和发展情况，为分类的内容后续优化教学策略提供参考。

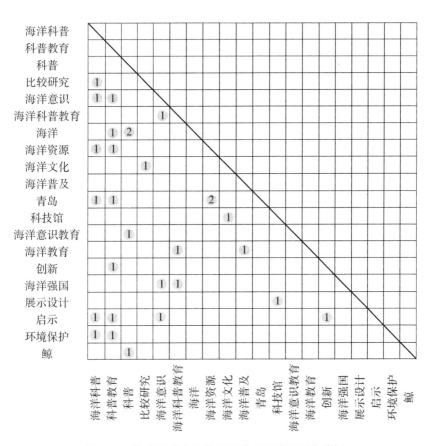

图4-12　海洋科普内容关键词共现矩阵可视化分析

(三)知识内容的热度与质量分析

学习者的知识内容浏览行为可抽象为 AIDA 模型，AIDA 即细分注意(attention)、兴趣(interest)、欲望(desire)和行动(action)四个阶段。通过 AIDA 模型分析，知识内容效果可以分解出不同的层次，考察知识内容的效果时可以测量该内容在多大程度上引起了学习者的"注意"，激发学习者的"兴趣"，刺激学习者学习"愿望"，改变学习者的"行为"或"行为意向"。

优质的知识内容无论对学习者还是海洋教育服务平台而言，都有重要的价值。海洋科普教育知识内容的热度与质量评估可以通过以下方式分析：

(1)"展现次数"和"点击次数"直观分析知识内容受欢迎的程度。

(2)知识内容质量的分析，既需要判断知识内容的列表页样式或标题文案等对学习者的吸引力，也需要分析学习者浏览知识内容后的满意度。

海洋科普教育知识内容质量的分析指标包括：次均展现时长、点击率、次均浏览时长和短点击率。可结合知识内容的收藏、分享等其他指标进一步丰富知识内容评估体系。其中，"次均展现时长"越长、代表信息更能引起学习者的注意；点击率越高，代表信息成功激发了学习者浏览的兴趣；次均浏览时长越长，短点击率越低，代表更多学习者在浏览详情后表示了认可。利用可视化技术，海洋科普教育内容维度统计指标雷达图如图 4-13 所示，海洋科普内容展现次数趋势如图 4-14 所示。

海洋科普内容词频社会网络可视化如图 4-15 所示，海洋科普内容需求强弱可视化如图 4-16 所示，海洋科普内容访问活跃度可视化如图 4-17 所示。

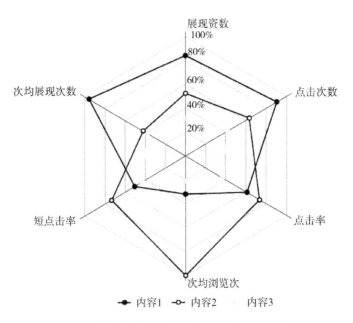

图 4-13 海洋科普教育内容维度统计指标雷达图

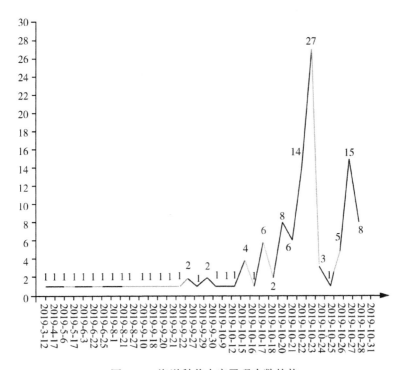

图 4-14 海洋科普内容展现次数趋势

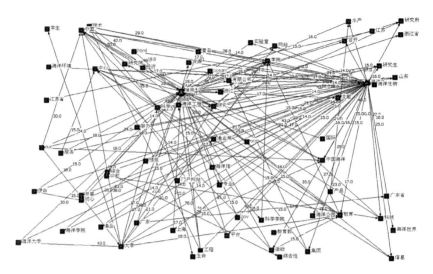

图 4-15　海洋科普内容词频社会网络可视化

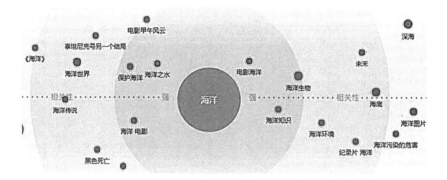

图 4-16　海洋科普内容需求强弱可视化

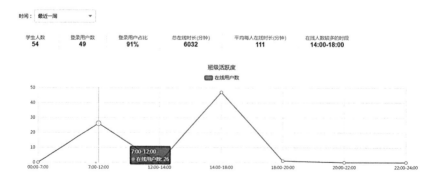

图 4-17　海洋科普内容访问活跃度可视化

三、可视化学习者画像分析

学习者画像是指根据学习者的属性、学习偏好、学习习惯、学习行为等信息而抽象出来的标签化用户模型。可视化学习者画像分析，通过结合数据挖掘技术，用可视化方式展示学习者清晰、完整的学习属性及兴趣偏好，结合学习者个性化特点，考虑内容设计的风格与调性，为海洋科普教育知识内容设计提供参考信息。

(一) 海洋科普教育学习者人群分析

海洋科普教育学习者人群画像如图 4-18 所示，通过柱形图根据数据的大小比例分配条形图高度，用可视化方式展示学习者人群的年龄分布、性别分布和兴趣分布等情况。

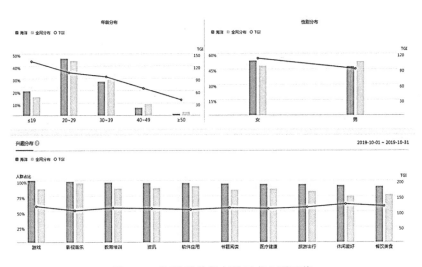

图 4-18　海洋科普教育学习者人群画像

(二) 学习者画像个性化分析

海洋科普教育学习者个性化画像如图 4-19 所示，通过可视化仪表，生动形象地描述学习者的学习成绩、学习兴趣分布、学习成绩排名和学习任务完成进度等个性化指标情况。当前的学习进度和学习情况是调整学习方法的重要参考，学习者个性化画像提供相关可视化数据。

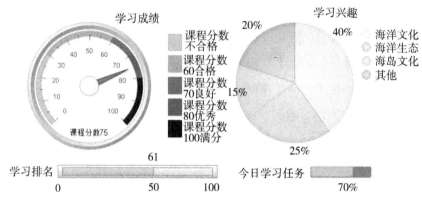

图 4-19　海洋科普教育学习者个性化画像

海洋科普教育学习者画像个性化数据分析如图 4-20 所示，通过气泡图和面积图分析学习者个性化数据的关联性和分布性。

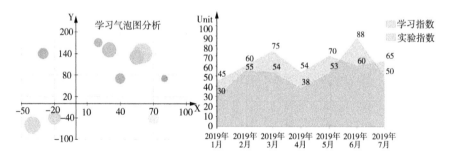

图 4-20　海洋科普教育学习者画像数据分析

（三）学习情感分析

学习情感是一种意识的情感状态。学习者的基本情感主要有积极、消极和中性三种①。积极的情感促进和维持学习者的学习质量；而消极的情感体验则会导致学习者兴趣丧失、无价值感、焦虑和不快乐，感到学习精力不足。情感分析是信息技术领域的一个热门研究问题，涉及识别人们对产品、文本、服务和技术等要素的情感或情绪。

　　海洋科普教育学习情感分析如图 4-21 所示，对海洋科普教育内容评论进行情感分析，并根据代表评论的整体情感对句子进行正负分类。学习情感分析基于深度学习和迁移学习技术，在学习评论场景下带有主观描述的中文文本，通过计算机算法识别学习者评论文本的情感极性属性，根据算法结果显示和分析置信度。学习者的情绪可以用不同的评分点（如 4 星、5 星）来表达，星级越高，正向评价度越高。学习者可以表达他们对海洋科普教育相关内容（如海洋文化、海洋生物、海底世界

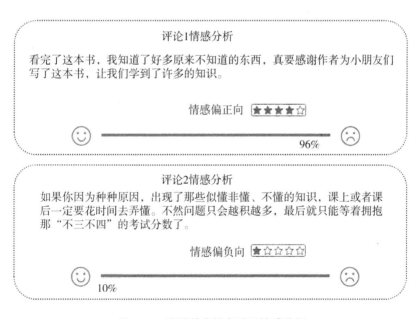

图 4-21　海洋科普教育学习情感分析

---

　　① 张燕，梁涛，张剑平．场馆学习评价：资源与学习的视角［J］．现代教育技术，2015（10）．

等)或事件的看法。学习评论是判断学习者对海洋科普教育内容是否满意的重要依据，具有很高的情感知识发现潜力。通过学习情感分析，找出海洋科普教育中的不足之处，我们可以在教学辅助方面采取积极的措施，设计合理的路径，以便更有效地激发学生的积极情感。

四、动态可视化引导的知识资源构建

(一)海洋科普教育学习热力图

热力图是以特殊高亮的形式显示学习者在海洋教育服务平台中的点击位置或学习者所在界面位置的图示，针对点击位置的不同点击情况，使用不同的颜色区分展示。通过可视化热力图，海洋教育服务平台直观地展示学习者的学习访问情况和学习兴趣点。

海洋科普教育学习界面热力图如图 4-22 所示，通过热力图可以全

图 4-22　海洋科普教育学习界面热力图

面地查看海洋教育服务平台中界面的整体访问情况和点击偏好，可以直观地发现当前的界面布局是否存在学习者误认为可以点击跳转的按钮或界面内容、结构布局不紧凑的情况。海洋科普教育学习界面热力图监控学习者的学习行为，海洋科普教育的重点内容放在哪里，可以通过热力图直观地展示出来，从而了解当前细分情况，帮助我们做出更准确的决策。

(二)学习路径漏斗分析

海洋教育服务平台在内容设计及教学活动策划中设定相应的学习路径。学习者按照合理路径使用海洋教育服务平台教学资源，可以获得更好的学习者体验，提高学习者学习效率。海洋教育服务平台的学习过程类似一个漏斗，通常开口大、出口小，学习过程漏斗的每个步骤可自定义为一个事件。

什么是事件？事件可以是一次按键的交互触发，比如学习者点击了"提交"按钮；也可以是一个判断逻辑，比如学习者进入或离开学习页面。事件可分为短暂触发事件和持续触发事件两类。短暂触发事件指的是诸如学习者点击按钮、触发更改学习资料操作、点击投票这类事件；持续触发事件指的是学习者播放科普视频、收听音频广播等持续一定时长的事件。其中，事件平均使用时长可以结合不同的事件类型，考察事件的质量，一般在持续性事件中具有较大意义，比如定义"视频播放"为考察事件，则可以通过时长了解学习者视频播放的时长。在海洋科普教育中，我们可以通过时间事件控件，选择任意时间范围的事件指标结果；通过学习者群控件，查看某个特定分群的事件触发情况。

在海洋教育服务平台的学习路径设计过程中，事件监控与分析对于了解和分析学习者行为具有重要的作用。我们可以通过学习路径转化分析学习者完成最终学习任务的比例以及路径各步骤设置的合理性。细分学习路径每个学习任务的进入、失败、平均完成时间等指标，同时分析学习者在不同学习任务的耗时和停滞情况，从而了解学习任务的设计合理性，通过数据，将学习者的行为量化，有利于持续学习者体验优化。

海洋科普教育学习路径漏斗分析如图 4-23 所示，设置海洋科普教育内容展示页浏览量、海洋科普内容详情页浏览量、进入学习系统点击量、开始学习点击量和学习完成数量等漏斗步骤，包括展示转化率、内容介绍转化率、开始学习转化率和学习完成转化率等指标。为了让学习路径的转化能实现最大化，平台需要监控漏斗每个关键步骤的学习者流量，分析场景的转化漏斗模型，分析步骤之间的流转关系，分析不同学习路径的优劣，分析转化学习比例以及路径各步骤设置的合理性，提升每个步骤的转化率。

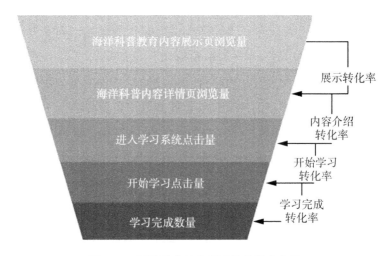

图 4-23　海洋科普教育学习路径漏斗分析

五、可视化海洋科普教育平台设计与运维

可视化海洋教育服务平台原型图设计如图 4-24 所示，根据平台需求设计功能和界面，用软件元件行为功能制作交互效果，用中继器模拟

数据库行为，可视化创建海洋科普教育应用软件的原型。海洋教育服务平台的模块、元素、人机交互的形式，利用线框描述的方法，在可视化状态下将应用软件更加具体和生动地表达和演示出来。

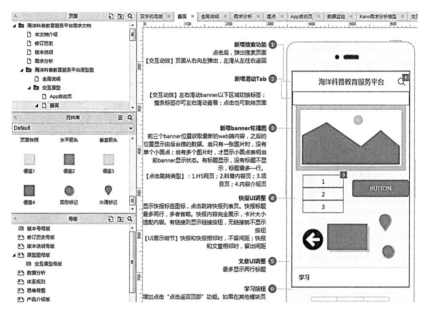

图 4-24　可视化海洋教育服务平台原型图设计

　　可视化海洋教育服务平台网络拓扑结构设计如图 4-25 所示，通过逻辑网络可视化符号，形象地描述海洋教育服务平台网络的安排和配置方式，以及网络"节点""结点""链路"和"通路"之间的相互关系，从而直观地表达网络中各计算机设备、网络服务器以及网络配置之间的拓扑结构。

　　可视化海洋教育服务平台网络运维如图 4-26 所示，可视化监控服务平台网络运维情况，保障服务网络与业务的正常和安全，排除影响网络运维可靠性和安全性问题，确保海洋教育服务平台安全可靠运行。

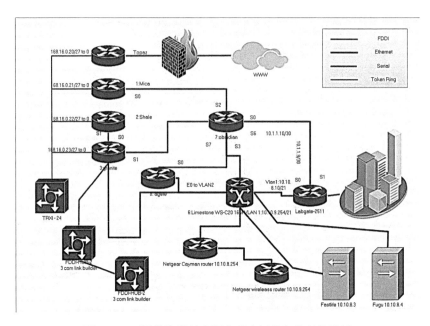

图 4-25 可视化海洋教育服务平台网络拓扑结构设计

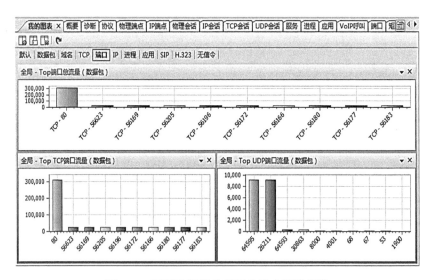

图 4-26 可视化海洋教育服务平台网络运维

　　可视化海洋教育服务平台资源运维如图 4-27 所示,可视化监控服务平台资源运维情况,维护并确保服务平台的高可用性,针对资源运维突发的问题,不断优化系统架构和运维方式,提升平台部署效率。

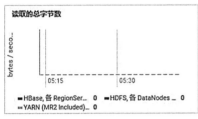
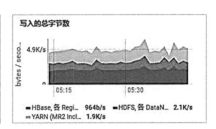

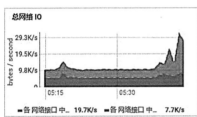

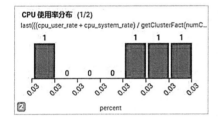
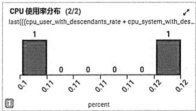

图 4-27　可视化海洋教育服务平台资源运维

第五章　面向游戏化学习的海洋科普教育应用

第一节　游戏化学习国内研究现状

目前，游戏以其在提高用户沉浸感、参与度和忠诚度方面的优势，而逐渐受到教育学界和游戏产业界的广泛关注，游戏化学习就是游戏化在教育领域的应用。

为了能对国内游戏化学习的研究脉络和发展进行直观展示，我们选择中国知网(CNKI)对已有的研究成果进行了可视化分析。以国内相关研究高质量文献为参考标准，主要通过 CNKI 期刊数据库中收录的文献为具体的研究对象进行文献计量分析。由于游戏化学习是教育游戏的主要研究内容，并且教育游戏的研究成果大多可以适用于游戏化学习，因此，将"教育游戏"纳入检索词。CNKI 期刊数据库检索策略设置，选择检索式 A =(SCI 收录刊 = Y 或者 EI 收录刊 = Y 或者核心期刊 = Y 或者 CSSCI 期刊 = Y 或者 CSCD 期刊 = Y)并且(主题 = 游戏化学习或者题名 = 游戏化学习或者 v_subject = 中英文扩展(游戏化学习，中英文对照))或者(主题 = 教育游戏或者题名 = 教育游戏或 v_subject = 中英文扩展(教育游戏，中英文对照))或者(关键词 = 游戏学习或者 Keyword = 中英文扩展(游戏学习，中英文对照))(模糊匹配)，在 CNKI 期刊进行检索，在数据库的选取上，使用了 SCI 来源期刊、EI 来源期刊、核心期刊、CSSCI、CSCD 5 个重要来源类别数据库，共得到了 364 条文献检索结果，手工筛选出 200 条高质量文献。

一、文献时间分布情况

根据 CNKI 期刊检索结果，对所获得文献计量进行可视化分析，游戏化学习文献发文量变化情况如图 5-1 所示。本次检索结果中最早的一篇文献是 1996 年发表在《中国电化教育》杂志上的文章《当代世界计算机教育应用的趋势》，计算机和互联网开始慢慢普及，游戏化学习开始引起研究人员关注，特别是从 20 世纪末开始，在计算机和互联网高速发展背景下，大量高新技术(如虚拟现实、体感互动和高性能数据分析技术)出现，促使游戏产业得到了高速发展，游戏化学习研究也相应地进入了快速发展时期，相关研究的发文量急剧增加。其中，2017 年达最高峰，发文量是 34 篇。游戏化学习文献总体趋势：随着网络技术和移动终端的进一步普及和发展，游戏化学习领域的研究持续增长，文献节点的数量逐渐变多，文献引用量也逐渐增多，呈现上升趋势。

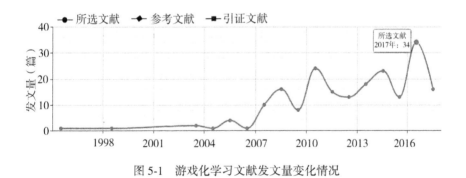

图 5-1 游戏化学习文献发文量变化情况

二、文献发表机构分布分析

在知识图谱的绘制中，游戏化学习文献发表机构分布情况如图 5-2 所示，我们对高产研究机构进行计量分析，发现陕西师范大学是发文数量最多的学校，华东师范大学、南京师范大学、北京大学和华中师范大学紧随其后，华南师范大学、河南师范大学、曲阜师范大学、南京晓庄学院、中央电化教育馆、西北师范大学、山东师范大学和南京大学等学校也都在游戏化学习方面有大量的研究。上述研究机构文献发表比重将近50%，是游戏化学习中研究的主要代表。其中"师范性"是这些研究机构的重要特性，教育行业者是师范院校培养的重要对象，游戏化学习研究也因此成为重点研究领域。

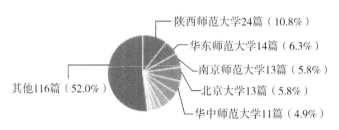

图 5-2　游戏化学习文献发表机构分布情况

三、主要学科和作者分布

游戏化学习文献发表学科分布情况如图 5-3 所示，对检索记录的研究方向进行分析，按产出文献数量从高到低排名，游戏化学习的研究最主要集中在社会科学(主要是教育学)、信息科技(如计算机科学)、哲学与人文科学、基础科学、医药卫生科技和工程科技等几个学科中，其中信息科技占的比重将近30%，信息技术在推动游戏化学习研究中发挥了重要作用。在实际的研究中，游戏化学习与教育游戏也有着密切的

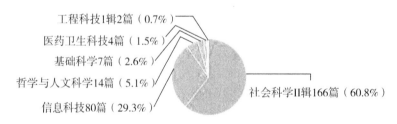

图 5-3　游戏化学习文献发表学科分布情况

联系，尤其是学习方法和信息化教学领域通过对作者的分析发现，游戏化学习文献发表作者分布情况如图 5-4 所示，在游戏化学习研究领域已经形成了一些研究团体，分别以马颖峰、尚俊杰、吴建华、庄绍勇和李海峰等六位学者为代表。其中，学者马颖峰的《基于 Conceptual Play Spaces 理论的教育游戏设计——探究式教育游戏的情境设计》《基于 GameFlow 模型的教育游戏黏着度分析研究》和《基于 Flow 理论的教育游戏沉浸性设计策略研究——教育游戏活动难度动态调控研究》围绕教育游戏设计展开研究；学者尚俊杰发表了《游戏化学习：让学习更科学、更快乐、更有效》《基于学习体验视角的游戏化学习理论研究》和《基于认知神经科学的游戏化学习研究综述》等有关游戏化学习方面的论文；学者吴建华的《流体验视角的信息素质教育游戏整合地图设计》《故事驱动的信息素质教育游戏研究》从信息素质的角度对游戏化学习进行了研究。游戏化学习研究涉及计算机科学、教育软件工程和人工智能等多个领域，呈现跨学科的特点。

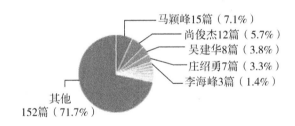

图 5-4　游戏化学习文献发表作者分布情况

四、来源出版物分析

游戏化学习文献发表来源出版物分布情况如图 5-5 所示，有关游戏化学习的论文主要集中于《电化教育研究》《现代教育技术》和《中国电化教育》等教育技术学期刊，《现代远距离教育》《开放教育研究》《中国远程教育》和《远程教育杂志》等教育学期刊也是游戏化学习文献发表来源出版物的重要部分。游戏化学习的研究在一定程度上得到了诸多杂志出版物的关注与重视，发文量能直观反映游戏化学习领域在重要学术期刊选题热度的变化，发文方向主要集中在学习环境与资源、教育信息化、学习资源与技术等方面。

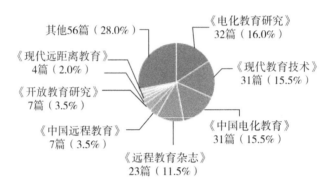

图 5-5 游戏化学习文献发表来源出版物分布情况

五、引文分析

分析知识基础有助于深入了解相关领域发展脉络，把握核心问题的本质。引文分析能够展现出游戏化学习研究发展过程中的重要文献，通过文献和作者共被引分析，分析文献中的引用轨迹，挖掘游戏化学习研究的核心知识基础与前沿。游戏化学习文献被引频次 100 以上的关键词分布情况如图 5-6 所示，"学习方法""翻转课堂"和"信息化环境"是被引频次较多的关键词，特别是"学习方法"，已成为游戏化学习研究的热点问题；游戏化学习文献被引频次 100 以上的机构分布情况如图 5-7 所示，华东师范大学出版社、《远程教育杂志》和《开放教育研究杂志》是被引频次量前三名的机构；游戏化学习文献被引频次 100 以上的论文分布情况如图 5-8 所示；游戏化学习文献作者合作网络分布情况如图 5-9 所示。共被引次数最高的是华东师范大学出版社《自主学习：学与教的原理和策略》(庞维国著)一书，该书分自主学习概论、自主学习的心理学基础、自主学习的教学指导和评价三大部分。通过实例诠释自主学习的实质、策略和指导方法。自主学习作为学习方法的重要方式之一，在游戏化学习过程中如何开展自主学习，制定有效的自主学习指导策略和评价方案以引起相关学者的关注和研究。

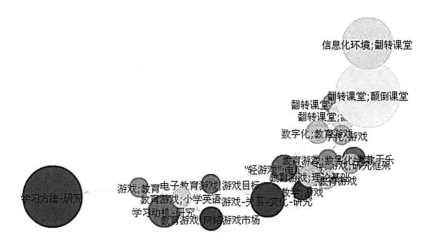

图 5-6 游戏化学习文献被引频次 100 以上的关键词分布情况

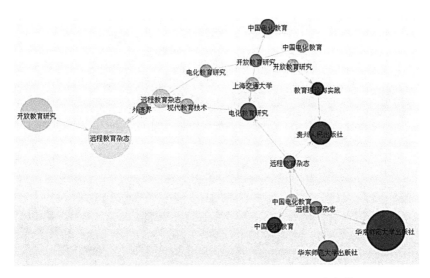

图 5-7 游戏化学习文献被引频次 100 以上的机构分布情况

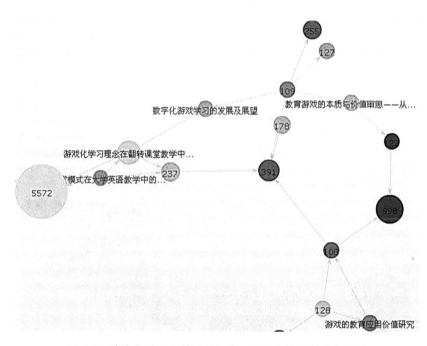

图 5-8　游戏化学习文献被引频次 100 以上的论文分布情况

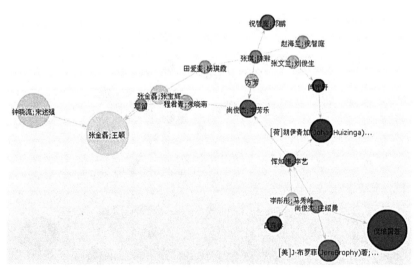

图 5-9　游戏化学习文献作者合作网络分布情况

六、关键词词频分析

关键词能高度概括文献的主题思想、理论观点和阐述思路等，是文献内容的核心代表。关键词词频在一定程度上能够映射出该研究领域的热点与侧重点，根据历年词频的变化情况研究重点的变化趋势。词频分析就是统计这些关键词在文献中出现频次的高低，关键词研究是词频分析的主要分析单元，通过对关键词词频分析可以发现游戏化学习研究的主题变化。游戏化学习文献关键词共现网络分布情况可视化如图 5-10 所示，游戏化学习文献高频关键词共现网络分布情况可视化如图 5-11 所示，其中，高频关键词可以反映近年游戏化学习的研究动向。我们将累计出现频数大于或等于 6 的关键词作为高频词，其中学习过程 73 次、游戏设计 63 次、游戏化学习 60 次、游戏活动 23 次、学习成效 22 次、

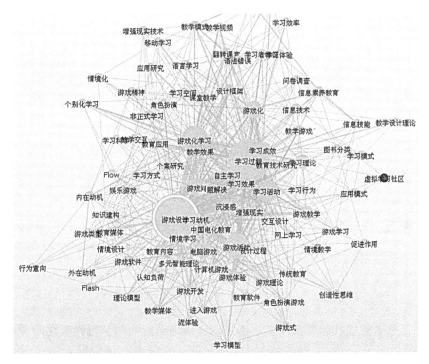

图 5-10　游戏化学习文献关键词共现网络分布情况可视化

学习活动 20 次、教育应用 16 次、教育内容 14 次、学习动机 11 次、学习效果 11 次。游戏化学习文献比较注重游戏设计、学习过程和学习效果三大方面，游戏服务于学习的本质，游戏是一种学习形式，游戏学习活动都是围绕学习目标展开的。

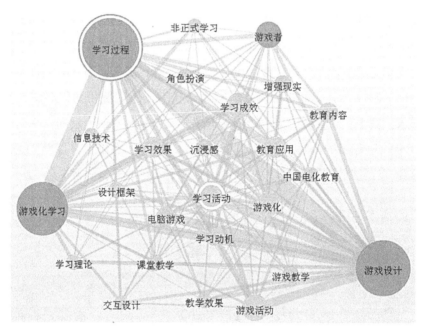

图 5-11　游戏化学习文献高频关键词共现网络分布情况可视化

第二节　游戏化学习理念下海洋科普教育游戏设计

一、引言

随着游戏和教育技术的不断进步，玩电子游戏和学习两者之间并不是相互排斥的，使用数字游戏进行学习的普及度和接受度已经逐步提高。传统学习方法如果不适当地强调抽象性和声明性的知识，学习者往往会觉得学习乏味，导致缺乏注意力和被动"脱离学习任务"的态度。教育游戏作为一种有效的学习工具，通过添加游戏设计元素，如反馈、挑战等游戏环境，促进非传统课堂上的主动学习，并帮助实现特定的学习目标。游戏化学习理念是以学习者为中心，利用游戏的技术、机制和思维等吸引学习者，激发学习者的学习动机和参与度，进而更有效地学习知识。

目前，教育游戏在学习领域的扩展性变得越来越复杂和具有挑战性。游戏化学习的主要目标之一是通过认知更深入和更丰富的学习体验，使学习者能够运用更高水平的认知功能，参与和解决复杂学习问题的任务和活动。游戏化学习理念下教育游戏设计的目标就是将游戏整合到课程，利用游戏进行广泛学习的活动（包括各种正式和非正式的学习环境），以达到特定的学习目标。这一目标的实现取决于许多关键因素，与教育游戏相关的假设，包括：参与类型、沉浸程度、教育支架和认知负荷。良好的教育游戏设计需要充分考虑这些教育游戏相关的假设因素。

在传统的计算机游戏理论中，游戏设计包含着游戏设计原则、游戏设计模式、游戏机制、游戏设计单元的概念模型、游戏设计方法和设计过程等复杂体系。本书以游戏化学习理念下海洋科普教育游戏设计为例，探讨海洋科普教育游戏设计特征、设计元素、动力机制设计、叙事设计和交互设计等几方面，尝试将游戏化学习理念融合到海洋科普教育课程。

二、游戏化学习理念下海洋科普教育游戏的设计特征

(一)学习性

学习性是游戏化学习理念下海洋科普教育游戏设计的重要特征之一，能有效展示数字游戏的教育价值。游戏化学习理念下海洋科普教育游戏利用基于游戏的学习和游戏化技术，创建游戏化学习的环境，使海洋知识学习过程更具互动性和吸引力。游戏化学习的环境支持引人入胜

的学习体验，这种学习环境具有动态性和吸引力，以游戏元素表示海洋知识的复杂抽象概念和知识①。

在游戏设计过程中，海洋科普教育游戏将体验式学习和内在动机与具有明确学习目标的游戏应用程序相结合实施主动学习策略，使学习在良好体验环境下更具吸引力、互动性和协作性。学习性作为游戏化学习理念下海洋科普教育游戏的设计重要特征，其目标是要让学习者通过游戏化学习提高海洋知识解决问题、批判性思维和推理能力，满足学习者海洋知识的学习需求。

(二) 艺术性

游戏艺术性是"玩家"对游戏过程中表现出的一种美好的情感，影响着游戏的进程和操作，以及"玩家"对游戏的相关体验。教育游戏作为一种复合"艺术品"，学习者能身心愉悦地畅游在游戏情境中，体现着教育游戏的艺术性。艺术性是衡量一款教育游戏作品艺术价值的重要标准。艺术性是游戏化学习理念下海洋科普教育游戏设计的重要特征之一，详细体现在游戏技术的艺术性和游戏故事的艺术性这两方面。

1. 游戏技术的艺术性

海洋科普教育游戏设计要借鉴杜威的"美学"和技术哲学思想，合理凝聚技术的理性和艺术的感性。技术的理性：海洋科普教育游戏设计容易操作、功能结构清晰、内容文字较少、容易理解和技术反馈周期短；艺术的感性：海洋科普教育游戏设计为学习者感官提供良好的体验，同时使学习者的美感得到提升。

2. 游戏故事的艺术性

海洋科普教育游戏故事主题集中而明确；游戏挑战任务具体、可操作、困难适度(根据学习者的水平定制)；学习者在游戏任务中可自由选择自己的子目标；挑战任务随着学习者技能的扩展而增加复杂性；游戏故事具备个性化体验特征，如学习者可以化身游戏中的各种角色。海

---

① 尚俊杰，等. 游戏的力量[M]. 北京：北京大学出版社，2012.

洋科普教育游戏故事的艺术性设计还要体现在叙事方式明快、带有童趣，适当加入"寻宝藏""海底探险"和"打鱼怪"等冒险环节，让故事情节生动，具有一定的曲折性。

(三)交互性

游戏是一种文学、音乐和美术等诸多艺术体验的交互，也是一种多元化社交的交流方式。游戏交互依据交互对象和形态可划分为多种交流互动的方式：

(1)人机互动是"玩家"和游戏之间的互动；

(2)点对点互动是"玩家"和"玩家"之间的互动；

(3)点与群互动是单个"玩家"和多个"玩家"群体之间的互动。

在海洋科普教育游戏中，"玩家"借助键盘、鼠标和手柄，通过文字、图像和动画等艺术形态，进行人机互动、点对点互动、点与群互动等双向性、多向性互动，不断构成游戏交互历程。交互性作为游戏化学习理念下海洋科普教育游戏设计的重要特征之一，除了关注游戏交互对象和形态，还需要重点关注游戏交互的知识内容。知识内容是教育游戏交互性的内涵和本质。游戏化学习理念下海洋科普教育游戏交互设计的重点在于将学习目标和知识内容整合到交互中，并帮助"玩家"理解这些可操作化的交互。游戏交互设计策略与学习策略相结合进一步扩展学习的维度，支持学习者自己组织游戏体验与学习内容互动。

三、游戏化学习理念下海洋科普教育游戏的设计元素

在设计教育游戏之前，我们首先需要了解教育游戏是由哪些设计元素组成的。在传统的计算机游戏理论中，游戏元素划分为力学、动力学和美学等几种理论类型。其中，力学理论定义了游戏(作为系统)将特定输入转换为特定输出的方式；动力学理论指导玩家和游戏机制在游戏过程中如何交互；美学理论促使游戏的力学和动力学与游戏设计者的艺术性相互作用，产生文化和情感结合的方式。在参考力学、动力学和美学游戏元素理论基础上，我们将游戏化学习理念下海洋科普教育游戏划

分为游戏机制、游戏故事、游戏美感和游戏技术等游戏设计元素。

（一）海洋科普教育游戏机制

在游戏化学习理念下设计海洋科普教育游戏机制，我们将游戏目标与海洋科普教育学习目标相结合，定义游戏相关"玩法"规则和程序。例如，在"认识中国南沙群岛"海洋科普教育游戏中，帮助"玩家"（学习者）一起来学习中国南沙群岛方面的知识。南沙群岛地处我国南海南部，是我国岛屿众多的海域之一，由各种岛、滩、礁、沙洲和暗沙组成，景色优美和充满魅力，能引起学习者的兴趣。在游戏中，我们构建岛屿的概念、海岛划分类型和岛屿名称等学习知识，让学习者在"玩"的过程中掌握海岛按成因、物质组成和物质组成划分几种类型的知识。"认识中国南沙群岛"游戏在定义海岛游戏"玩法"规则时，看哪些"玩家"（学习者）能又快又准地将大陆岛、珊瑚岛、冲积岛、海洋岛、沙泥岛群岛、基岩岛和列岛等海岛类型识别出来，从而让"玩家"（学习者）进一步认识中国南沙群岛的岛屿，以普及中国南沙群岛知识。

以"中国南沙群岛"作为游戏背景，学习者通过学习《联合国海洋法公约》相关规定，掌握"海岛是确定领海基线的重要依据，也是划分领海、专属经济区和大陆架的重要基点"等知识点。南沙群岛地处太平洋和印度洋之间的国际航道要冲，在国家海洋权益中的作用十分重要。在海洋科普教育游戏中，我们通过将游戏的目标与海洋科普教育的学习目标相结合，合理设计好海洋科普教育游戏机制，充分认识南沙群岛的历史、自然和人文等原始信息及其内涵，促进海洋文化和海洋意识传播，普及海洋知识、宣传海洋文化和加强"玩家"海洋意识。

围绕海洋科普教育游戏机制的设计，我们可以使用以下学习激励机制：学习点数、学习徽章、游戏级别、游戏进度条、游戏排行榜和游戏虚拟货币，来吸引和激励学习者来学习。其中，学习点数是游戏管理量化学习者在游戏中的获取和花费；根据收到的积分和徽章，学习者在排行榜上的排名反映他们与其他用户相比的表现；游戏级别显示学习者的专业知识；进度条显示学习者在游戏中的位置；虚拟货币用于购买游戏内虚拟商品(如武器装备)。游戏奖励机制反馈明显,更能吸引和激励学习者。

(二)海洋科普教育游戏故事

教育游戏设计的重要目标之一就是把游戏的"故事"设计好,吸引学习者积极参与到游戏中。游戏的"故事"就是游戏的情节,是根据游戏设计逐一展开的系列事件。游戏的"故事"可以是线性的、非线性的、脚本预定的或分支的结构方式。在游戏化学习理念下设计海洋科普教育游戏,我们可以采用基于"沙盒游戏"的故事模式。"沙盒游戏"具有自由度高的特点,没有设置固定的剧情和任务目标,各种游戏任务也是非线性的,任务玩法就是游戏中"玩家"做自己感兴趣的事情。

教育游戏中的"故事"设计除了要求能吸引住"玩家",还需要加入各种学习知识等教育元素。在游戏化学习理念下设计海洋科普教育游戏"海洋世界"的故事时,在故事中可以加入"寻宝藏""海底探险"和"打鱼怪"等具冒险特性的情节。在"寻宝藏"情节方面,故事设置海底沉船和海底遗迹等探索环节,让"玩家"自由发掘和探索海洋宝藏,也可以与同伴"玩家"一起组队合作;在"海底探险"情节方面,故事创建海洋水下洞穴和海中峡谷等游戏场景,"玩家"可以通过游戏装备(驾驶潜水艇或身穿潜水衣)进入海洋的深处进行探险和寻宝,游戏场景布置各种鱼类、虾类、贝类、海草、海带等多海洋环境,让"玩家"在"玩"中学习到不同群系海洋生物和海洋植物的基础知识,感受和探索神奇的海洋世界;在"寻宝藏"和"海底探险"两个情节中,可把"打鱼怪"情节穿插进来,"玩家"会受到不同级别鱼怪(例如可怕的章鱼、凶狠的鲨鱼)的攻击,为了保护"生命"安全,"玩家"需要学习相关海洋知识,获得游戏机制中的"虚拟货币"来购买各种不同级别武器装备(例如鱼叉、鱼雷),也可以与不同伙伴"玩家"一起合作对抗鱼怪,激发"玩家"的社交兴趣,这也是游戏"故事"重要的设计环节。

(三)海洋科普教育游戏美感

游戏美感是游戏中"玩家"视觉、听觉、嗅觉、味觉和感觉的综合良好体验。游戏美感是教育游戏设计中极其重要的一个元素，因为和"玩家"的良好体验有着最直接的关联。高质量的屏幕设计、色彩、动作和动画等视觉元素或教育游戏环境中的音频直接影响学习者的情绪，并影响他们在教育游戏环境中学习过程中的行为投入。

海洋游戏主题具有丰富的游戏美感设计元素。在海洋科普教育游戏中，"玩家"置身于神奇海洋世界中，视觉美感可以来自蔚蓝的大海、五彩斑斓的珊瑚、形状各异的小丑鱼和多姿多彩的水母等视觉场景；听觉美感可以来自海浪拍打海岸的响声、海洋动物欢快的叫唤声和神奇动物的歌唱声等音频场景；清爽凉快的海风夹带着海岛的椰子味觉，海水漫过沙滩留下细细的痕迹，让"玩家"体验和沉浸在海洋世界的魅力中，让游戏变得更加有趣好玩。

海洋科普教育游戏美感设计源自各种各样的海洋特性，除了有海草、海带、珊瑚等单元，结合气泡柱和水物理波纹等特效，海洋表面的颜色能随着温度而发生变化，场景元素更加贴合现实世界，让游戏美感体验更上一层楼。在海洋科普教育游戏美感设计中，我们将动画与音乐结合，看动画——活灵活现的海洋生物动画角色，听声音——丰富多样化的海洋生物声音特征和有声介绍，丰富海洋知识视觉、听觉效果，满足"玩家"的良好学习体验，提高"玩家"在教育游戏环境中学习行为的投入，走进神秘的海洋世界，探索未知的海洋知识。

(四)海洋科普教育游戏技术

技术是实现教育游戏可行性的重要方式。在海洋科普教育游戏设计工作中，通过技术实现游戏目标与海洋科普教育学习目标相结合的游戏机制、穿插闯关的海洋游戏故事情节、具有美感的海洋游戏角色和海洋游戏背景，最终形成一个技术产品(游戏程序)。

游戏化学习理念下海洋科普教育游戏技术遵循理论与实验相结合的原则，将整个游戏技术开发周期划分为游戏技术计划、游戏技术可行性研究、游戏技术需求分析、游戏技术总体设计、游戏脚本设计、3D游戏角色构建、虚拟交互集成、游戏界面开发、游戏程序编码、游戏测试和游戏技术评价等关键环节。这些关键技术环节在游戏技术开发过程中自顶向下、相互衔接和相互制约。根据计算机软件工程指导思想，海洋科普教育游戏关键技术环节要符合相关技术开发规范。

三、游戏化学习理念下海洋科普教育游戏的动力机制设计

(一)游戏自我效能

自我效能是个体对实现预期结果能力的信念。在学习领域中，学业自我效能是个体主动性学习的重要推动因素，直接影响个体的学习情感(例如为完成学习任务，愿意付出多少劳动力)和学习思维模式，也影响着个体学习行为的持久性。游戏自我效能是自我效能在游戏领域的延伸应用，是"玩家"在游戏中对自己能否顺利完成游戏任务或者实现游戏目标的能力预测。在教育游戏中，游戏自我效能是学习者游戏动机、游戏行动和游戏坚持的关键因素，也是学习者自我发展过程中的支撑点。因此，游戏自我效能为海洋科普教育游戏提供了一种有效动力机制设计原则和方法的参考思路。

在海洋科普教育游戏的动力机制设计过程中，我们应充分考虑影响学习者自我效能感的众多因素(例如游戏绩效)。在游戏绩效方面，学习者通过克服游戏中的各种挑战来获得自我效能感，当学习者对游戏挑战的自我效能感比较高时，学习者更容易参与到游戏中和完成挑战任务。为了提高游戏自我效能感，海洋科普教育游戏设计时需根据学习者的水平定制游戏挑战任务。困难适度的任务随着学习者技能的扩展增加复杂性，并让学习者自由选择自己的游戏任务目标。学习者对游戏任务的自我效能感正向影响着他们的参与，学习者克服游戏中的障碍和任务的同时，能提高游戏过程中的自我效能感。游戏自我效能构建学习者的动机和认知结构，使其在游戏过程中维持高水平的参与，有助于提高学习者海洋科普教育游戏动机和参与度，在教育游戏的学习环境中解决问题。

(二)学习动机

海洋科普教育游戏动力机制设计的关键问题之一就是保持学习者在游戏过程中的学习动机。好奇是个体的天性,每个学习者都喜欢寻求新奇的问题。解决学习动机可持续性问题的一个方法是,在学习者进行游戏任务时,为学习者提供新奇和具有挑战性的游戏学习场景,以保持学习者的积极性和专注力。如果学习者发现随着时间的推移,他们在游戏中的解决学习问题能力有所提高,他们就会更具有学习动力,从而愿意在学习问题解决任务中投入更多的时间和精力。

教育游戏的设计特点可以影响学习者在游戏中的自我感知能力,设计基于游戏的学习环境对于激发学习者的学习动机至关重要。教育游戏中许多因素可能会促进或阻碍学习者的感知能力,包括游戏任务的难度和游戏的可用性(如用户界面和导航功能)。内在动机(兴趣)会引导个体更高质量的参与,游戏自我效能感是激发学习者在游戏过程中的内在动机的关键因素。为了培养学习者解决学习问题的能力,海洋科普教育游戏的设计应为学习者提供解决学习问题的游戏任务,让学习者做出充分自主性的选择,使其源源不断获得新的挑战感,帮助学习者更接近他们的学习预期目标。

四、游戏化学习理念下海洋科普教育游戏的叙事设计

(一)叙述基本特征

1. 叙述

叙述是指将不同事件和个体行动汇集在一起,统一进程中的话语主题,使用标志系统创造人格化的元素,构成基本层面的叙述。叙述是一系列独特的心理状态和事件,可以用小说、电影或剧本来表达,在叙事中形成相关的故事事件。其中,时间事件或特定实例构成故事基础。在游戏中,叙述包括由游戏生成和呈现的文字、图像或动画。

2. 情节

情节被描述为"围绕一个概念主题,显示相关事件的叙事结构"。

我们通过情节将事件联系在一起，叙述文本中的事件，以形成故事，从而理解和描述事件之间的关系。情节代表一个故事点之间的连接叙述事件，包括故事主角的行动，和故事主角的主观性感觉（如心理状态、目标、动机和意图）。

3. 故事

故事是叙述事件的特定表现形式，呈现现实的"真实性"。一个故事构建由"行动景观"和"意识景观"两个部分组成。其中，"行动景观"是成员行动的意图或目标；"意识景观"是参与行动的成员思考或感觉。在游戏中，故事表达了"玩家"在游戏世界中的体验。

"游戏叙事"即是在游戏中叙事，包括研究游戏中的故事"讲什么"和"怎么讲"这两个重要问题。游戏化学习理念下海洋科普教育游戏的叙事设计需专注叙事的上述三个基本特征，构建好游戏认知理论、教学方法和学习支持环境等游戏元素，强调学习者的游戏情境知识、特定学习技能和海洋文化意识，满足海洋科普教育游戏叙事要求。

（二）叙事内容设计

根据海洋科普教育知识类型和学习不同的需求，游戏化学习理念下海洋科普教育游戏制定多样化的叙事内容设计方案。

1. 陈述性叙事内容设计

学习者在学习海洋科普教育陈述性知识（如岛屿概念、海岛类型和岛屿名称等）的时候，主要以记忆能力为主。针对这种情况，游戏化学习理念下海洋科普教育游戏制定陈述性叙事内容设计方案，可以使用知识联想法、反复操作法等方法，将枯燥的知识具体化。

2. 概念性叙事内容设计

海洋科普教育概念性知识比较抽象，具有一定的综合性和概括性，例如海洋学科中"海水运行""大洋环流"的原理和理论等都属于此类知识。在学习概念性知识的时候，游戏化学习理念下海洋科普教育游戏制定概念性叙事内容设计方案。例如在"海洋生态仿真"的教育游戏中，学习者首先通过完成概念性叙事内容学习任务来解锁与海洋生态相关的单元，每个单元由海洋生态食物链中各种海洋动物或海洋植物构成，然后用这些已解锁单元自由设计一个仿真的海洋生态系统。

3. 规则性叙事内容设计

海洋环境保护是海洋科普教育的重要内容，海洋环境保护课程囊括大量规则性知识。在学习规则性知识的时候，游戏化学习理念下海洋科普教育游戏制定规则性叙事内容设计方案，角色扮演游戏方式可以让学习者更好地学习体会规则性知识。例如在"海洋救治"的教育游戏中，海洋出现麻烦了，塑料垃圾、气候变化和渔业过度捕捞等，对海洋生物生存环境造成巨大危害。学习者通过扮演海洋医生角色，模拟海洋救治场景，了解海洋变化的原因和人为因素造成的伤害，在游戏角色扮演中学习海洋科普教育规则性知识。

(三) 叙事策略设计

1. 以学习者为中心叙事设计

游戏化学习理念下海洋科普教育游戏叙事设计应以学习者为中心，所呈现的游戏故事从建立学习者的体验(视觉、听觉和触觉等感觉需求)开始，为学习者提供一个可在虚拟游戏环境中表现自我的途径(交互需求)，把握好学习者的认知心理(情感需求)，在叙事设计过程中逐层递增和循序渐进，满足学习者更高层次的自我需求(个性化需求)和社会需求。例如，叙事情境设计充分考虑学习者的情感需求，通过音乐元素、画面背景来增强情感的表达，营造出良好的游戏情境，让学习者在快乐轻松氛围中进行游戏化学习，并适当增加游戏激励机制和反馈机制，帮助学习者保持积极的学习心态。海洋科普教育游戏叙事设计以学习者社会需求的叙事作为主题，通过设计游戏的场景、角色和事物，使学习者产生共鸣，传达深层次的叙事设计理念(如海洋文化内涵)，让学习者感受到游戏的故事内涵。

2. 多类型叙事结构交替叙述

游戏化学习理念下海洋科普教育游戏叙事设计采用线性叙事、非线性叙事和共时叙事等多类型叙事结构进行交替叙述。

（1）线性叙事：向学习者交代游戏学习故事背景和事件发生的脉络；

（2）非线性叙事：为学习者构建游戏语境和平台，学习者自由选择路线和对话进行游戏体验，推动游戏进程；

（3）共时叙事：这是线性叙事和非线性叙事的交叉综合部分，能增强叙事表达及情景体验。

海洋科普教育游戏基于多类型叙事结构进行交替叙述方式，将不同时间和空间的游戏情节组合在一起，利用音频和视频等丰富表现元素，将游戏故事有趣生动地演绎出来。在叙事驱动的过程中，海洋科普教育游戏适当利用剧本冲突，制造矛盾，提升游戏难度和叙述的有趣性，所展开的故事更加吸引学习者的关注，从而激发学习者的游戏学习热情。

3. 多维游戏叙事交互设计

游戏化学习理念下海洋科普教育游戏叙事设计包括界面交互、叙事互动和社交互动等多维交互设计。

（1）界面交互，即学习者和游戏系统之间的直接交互。界面交互设计清楚标注最主要的学习任务，尽量减少文字描述的信息量，避免因文字描述信息量过多而引起学习者反感。在学习任务选择等控制节点上，采用可视化支持，考虑游戏操作产生的信息认知度问题，例如游戏操作的误区和难度。

（2）叙事互动，指学习者与游戏故事情节之间的互动。叙事互动设计适当增加学习者参与的互动情节，学习者不再是叙事脚本的被动接受者，而是叙事内容的主动参与者，让学习者获得更高的参与感。叙事互动设计注重学习者的游戏情感需求，激励学习者表达个性化需求，更容易切入学习者的情感，找到叙事互动的情感共鸣点。

（3）社交互动，指学习者之间的游戏交流与合作。社交互动设计是学习者解决复杂问题的发展过程中提高社会协作能力的重要手段。例如，游戏的背景要求学习者在多人一组的游戏中扮演不同的角色来完成任务，由于这些任务需要具有不同专长或角色的团队成员之间的协作，学习者之间通过加强游戏交流与合作，在完成游戏任务问题的发展过程中提高社会协作能力。

第三节　游戏化学习理念下海洋科普教育游戏开发

一、引言

游戏开发作为教育游戏研究领域的重要分支，其很多实践成果适用于并指导着科普教育软件的发展，同时游戏化学习的理论成果也为科普教育游戏开发提供了理论基础①。在游戏化学习理念下开发海洋科普教育游戏的过程中，我们需要参考相关科普教育游戏开发经验，以海洋科普（如中国南沙群岛海洋科普）内容为载体，着重从交互设计、以学习者为中心和学习效果等方面加强研究和实践，结合信息科学技术，为学习者带来虚拟仿真、全息的海洋环境与景观，实现时态化和互动性数字化海洋科普教育游戏。

本书介绍了游戏化学习理念下海洋科普教育游戏开发模型和技术环境，重点阐述了基于路径的海洋动物拼图游戏、一种岛屿科普游戏装置和一种中国南沙群岛海洋科普装置等海洋科普教育游戏开发案例。

二、游戏化学习理念下海洋科普教育游戏开发

（一）游戏化学习理念下海洋科普教育游戏开发模型

游戏化学习理念下海洋科普教育游戏开发模型如图 5-12 所示，该游戏开发模型将游戏界面、游戏场景、游戏音像和游戏角色等游戏元素和海洋故事叙事设计相结合，组合游戏控件模块、游戏主函数和算法模块、游戏数据模块、游戏推理系统模块、学生本体模块和教学本体模块

---

① 刘琼.“后教育时代”的新兴媒体——国内“教育游戏”相关硕士论文综述[J]. 远程教育杂志，2011（1）.

等功能模块。

（1）游戏控件模块：负责海洋文化（海洋历史、海洋经济、海洋人文）再现、游戏角色模型的控制、人机界面操作的交互；

（2）游戏主函数和算法模块：处理海洋游戏场景、音像和角色等调度；

（3）游戏数据模块：用来保存海洋科普知识服务的相关数据，包括海洋知识本体 OWL 和语义本体资源；

（4）游戏推理系统模块：由海洋科普教育游戏规则定义和 AI 策略组成；

（5）游戏控制模块：提供基于学习者认知特征的游戏服务，控制游戏进度、游戏服务内容和游戏难度，适时进行游戏服务策略的调整和改进；采用游戏闯关和游戏升级等学习方式完成海洋知识建构，为学习者提供较强的参与感，形成良好的学习体验。

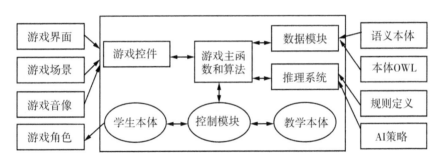

图 5-12　游戏化学习理念下海洋科普教育游戏模型

（二）游戏化学习理念下海洋科普教育游戏开发环境

游戏化学习理念下海洋科普教育游戏的开发环境采用 Unity 虚拟现实游戏引擎，如图 5-13 所示。我们通过基于 Unity 虚拟现实游戏引擎的游戏开发环境构建各种游戏角色和游戏场景等模块，完成游戏化学习理念下海洋科普教育游戏创意和 3D 模型互动开发，实现复杂虚拟游戏的创建。

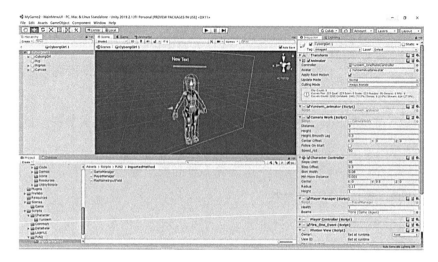

图 5-13　游戏化学习理念下海洋科普教育游戏开发环境

二、海洋科普教育游戏开发案例——基于路径的海洋动物拼图游戏

基于路径的海洋动物拼图游戏是一款将海洋动物拼图游戏和路径拼图游戏相结合的海洋科普游戏。其中，海洋动物拼图游戏把海洋动物图片块拼凑成跟原图一样，帮助学习者深刻认识各种海洋动物。路径拼图游戏中，在一个大方格的左右两边设一个入口和一个或多个出口，再把大方格分成几个小方格，每个小方格上画有线条，在游戏的开始留下一个空格，通过移动空格周围的小方格，使得方格里面的线条形成一条通路，具有一定任务挑战性。

(一) 游戏场景主控制流程图

基于路径的海洋动物拼图游戏场景主控制流程图如图 5-14 所示，流程图的任务是将游戏的框架描述清楚。在游戏开发过程中，游戏场景主控制流程分解成各个单元，每个单元具有一定的独立性，使复杂的问题简单化。基于路径的海洋动物拼图游戏通过主场景中游戏导航菜单功

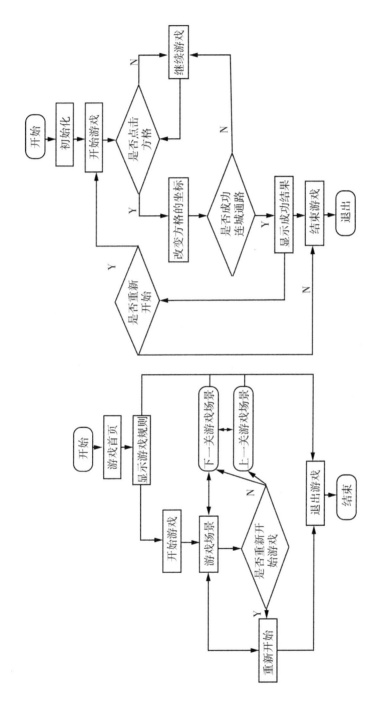

图5-14　游戏场景主控制流程图

能按钮可以在游戏中实现不同游戏场景跳转和切换，从而增强游戏的交互性。

（二）基于路径的海洋动物拼图游戏效果图

基于路径的海洋动物拼图游戏部分界面如图 5-15 所示，左侧游戏界面由多种海洋动物图示菜单组成，学习者可以选择自己感兴趣的海洋动物进行游戏；学习者可以通过右侧游戏界面对选择的海洋动物进行造型编辑，自由创作海洋动物游戏角色，可激发学习者兴趣和提高学习者参与度。

图 5-15　基于路径的海洋动物拼图游戏界面

路径拼图游戏规则介绍和编辑页面如图 5-16 所示，左侧路径拼图游戏规则介绍页面由三部分组成：第一部分是游戏规则文字说明；第二

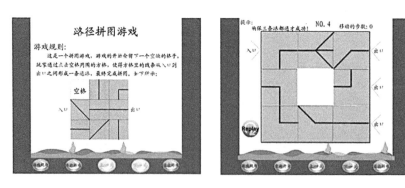

图 5-16　路径拼图游戏规则介绍和编辑页面

部分是游戏操作模拟动画；第三部分是游戏场景跳转按钮。右侧路径拼图游戏编辑页面同样由三部分组成：第一部分是游戏提示，显示游戏关卡和游戏移动步数；第二部分是拼图游戏编辑的页面；第三部分是游戏场景跳转按钮。

　　基于路径的海洋动物拼图游戏效果图如图 5-17 所示，其中左侧是"小丑鱼"拼图游戏效果图，右侧是"大鲨鱼"拼图游戏效果图。

图 5-17　基于路径的海洋动物拼图游戏实现图

（三）基于路径的海洋动物拼图游戏计算机算法

　　海洋科普教育游戏开发过程需要计算机算法来支撑，不同的游戏设计功能需要不同的计算机算法。"图的深度优先算法"是基于路径的海洋动物拼图游戏的主要计算机算法之一。该算法的基本原理是：将一幅

(0, 0) 0	(1, 0) 2	(2, 0) 5
(0, 1) 1	(1, 1) 3	(2, 1) 6
(0, 2)	(1, 2) 4	(2, 2) 7

(0, 0) 5	(1, 0) 6	(2, 0) ?
(0, 1) 2	(1, 1) 0	(2, 1) 3
(0, 2) ?	(1, 2) ?	(2, 2) ?

图 5-18　图片初始化坐标和目标坐标数学矩阵描述

图片分解成若干子单元，每个子单元进行数字编码，并通过数学矩阵来表达，利用数学矩阵相关原理进行计算。图片初始化坐标和目标坐标数学矩阵描述如图 5-18 所示，左侧图为图片初始化坐标数学矩阵描述（原始矩阵），右侧图为图片目标坐标数学矩阵描述（目标矩阵）。

三、海洋科普教育游戏装置开发案例

（一）岛屿科普游戏装置

海洋是我们地球主要的组成部分，我们可以通过传统媒体与新兴媒体融合发展，以海洋基础知识"进教材、进课堂、进校园"为重点，增强海洋知识教育，提高学生保护海洋的意识。目前的教学方式只是简单地向学生灌输知识，并不能很好地让学生自己掌握海洋知识，而且这样的方式也比较枯燥，因此需要开发一种岛屿科普游戏装置，能够以寓教于乐的方式将海洋知识传授给学生。

1. 岛屿科普游戏装置案例内容

岛屿科普游戏装置包括工作箱、岛屿科普游戏区模块和游戏控制模块，其中，岛屿科普游戏区模块以及游戏控制模块均设置在所述工作箱的侧面，游戏控制模块设置在所述岛屿科普游戏区模块的下方。

岛屿科普游戏区模块包括指南针和岛屿地图游戏模块，指南针用来辨别游戏模块的方向，岛屿地图游戏模块上设置有相应的游戏，将海洋知识通过游戏的方式传授给学生。

所述岛屿地图游戏模块包括边界线、海岛、磁块以及铁皮制成的海洋背景图，学生们可以将磁块吸附在海洋背景图上进行游戏，娱乐性强。

所述边界线为椭圆形，所述边界线由发光小灯珠组成，清楚直观。

所述海岛处设置有压力传感器，可用于感应磁块，感应效果好。

所述游戏控制模块包括显示模块、语音控制模块、语音输出模块以及存储模块，功能多，能给学生以很好的游戏和教育体验。

本装置具有岛屿科普语音介绍、岛屿科普测试以及岛屿科普游戏等功能，能够寓教于乐，将海洋知识通过游戏以及游戏中的科普测试的方式让学生掌握，轻松有趣，增强了海洋知识的教育，提高了学生接受知识的效率，很好地提高了学生保护海洋的意识。

2. 岛屿科普游戏装置附图说明

图 5-19 所示为岛屿科普游戏装置的结构示意图。

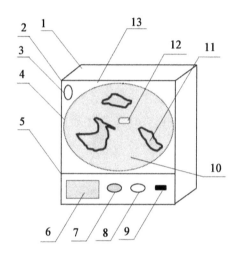

1—工作箱；2—岛屿科普游戏区模块；3—指南针；4—边界线；
5—游戏控制模块；6—显示模块；7—语音控制模块；8—语音输出模块；
9—存储模块；10—海洋背景图；11—海岛；12—磁块；13—岛屿地图游戏模块

图 5-19　一种岛屿科普游戏装置结构示意图

3. 岛屿科普游戏装置具体实施方式

本装置的工作流程及工作原理为：学生们可以将船状的磁块放在海洋背景图里做游戏，将磁块放置在海岛上的时候，压力传感器会感应到磁块，然后播放相应岛屿的信息，以激发学生的学习兴趣。装置还设置有科普测试游戏，在游戏的时候，学生可以通过语音控制模式回答游戏中相应的问题，提高学生在游戏中的学习效率。同时，装置中的存储模块存储有岛屿的相关信息，可以对里面的资料进行更新，扩大学生的知识面，实现寓教于乐。

(二) 中国南沙群岛海洋科普装置

我国南海南部存在有许许多多不同大小的岛屿，其中南沙群岛最为出名，南沙群岛由许多岛、礁、滩和沙洲组成，具有十分重要的战略地位，值得大家去学习探讨。但是目前缺少一种对海洋岛屿进行科普的教育设备，学生只能通过自行搜索相关资料去学习，这样的学习方式比较慢，而且学习的效果也不好。因此我们开发了一种多功能的，能进行智能科普的海洋科普装置。

1. 中国南沙群岛海洋科普装置开发案例内容

中国南沙群岛海洋科普装置包括工作台、岛屿地图模块以及科普功能模块，岛屿地图模块以及科普功能模块均设置在所述工作台的侧面，科普功能模块设置在岛屿地图模块的下方，岛屿地图模块上还设置有岛屿地图以及定位装置。

定位装置包括经度信息栏以及纬度信息栏，经度信息栏和纬度信息栏设置在岛屿地图相邻的两个侧面，经度信息栏与纬度信息栏之间互相垂直，经度信息栏设置有与其垂直且能在其上滑动的经度滑动标杆，纬度信息栏设置有与其垂直且能在其上滑动的纬度滑动标杆，经度滑动标杆可以左右滑动，经度信息栏通过经度滑动标杆所在的位置标记岛屿地图标记岛屿的经度，纬度滑动标杆可以上下滑动，纬度信息栏通过纬度滑动标杆所在的位置标记岛屿地图标记岛屿的纬度，岛屿地图通过黑点标出海岛屿的中心位置，标记快速方便。

科普功能模块包括信息显示模块、语言介绍模块以及声音控制模块，能够很好地科普各种海洋和岛屿的知识。

信息显示模块包括岛屿名称显示屏、平面坐标显示屏以及经纬度显示屏，能够直观地呈现岛屿的位置信息。

语言介绍模块包括普通话介绍按钮、粤语介绍按钮以及英语介绍按钮，能满足多种语言需求。

声音控制模块包括扬声器、音量大小控制器以及背景音乐切换按钮，方便对声音进行控制。

与现有技术相比，本案例具有以下有益效果：展示效果好，能够很直观地在地图上对岛屿进行展示，通过经度滑动标杆和纬度滑动标杆精确定位到岛屿的位置，然后播放定位岛屿的相关科普信息，实现智能科普，使用多种语言对岛屿进行科普介绍，方便实用，能够很直观地给人们呈现海洋科普知识。

2. 中国南沙群岛海洋科普装置附图说明

图 5-20 所示为中国南沙群岛海洋科普装置的结构示意图。

3. 中国南沙群岛海洋科普装置具体实施方式

本装置的工作流程及工作原理为：先将经度滑动标杆和纬度滑动标杆移动到想要了解的岛屿，经度信息栏和纬度信息栏显示经纬度信息，岛屿名称显示屏显示岛屿的名称，平面坐标显示屏显示平面坐标，经纬度显示屏显示岛屿实际的经纬度信息，声音控制模块将会播放岛屿的相关信息，包括历史来源、岛上的人文风情以及岛屿的气候

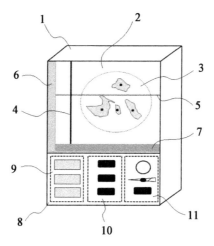

1—工作台；2—岛屿地图模块；3—岛屿地图；4—经度滑动标杆；

5—纬度滑动标杆；6—经度信息栏；7—纬度信息栏；8—科普功能模块；

9—信息显示模块；10—语言介绍模块；11—声音控制模块

图 5-20　一种中国南沙群岛海洋科普装置结构示意图

信息等，可以通过语言介绍模块切换不同语种进行播放，满足不同的语言需求，功能齐全，播放效果好，能够很好地向大众科普中国南沙群岛知识。

第四节　游戏化学习理念下海洋科普教育游戏应用

一、引言

游戏化学习理念下海洋科普教育游戏应用的主要任务是将数字化游戏应用于海洋科普教育，同时将游戏化学习理念引入到海洋科普教育每个教学环节中。游戏化学习理念下海洋科普教育游戏应用不但有效降低了海洋科普教育成本，还增强了海洋科普教育的游戏性、综合性和创新性，激发了学习者学习热情，提高了海洋科普教育效率，是海洋科普教育一种有效的探索。

本书围绕海洋科普教育游戏的学习情景应用、海洋科普教育游戏的学习策略应用、海洋科普教育游戏的学习课程设计应用和海洋科普教育游戏的学习周期应用等方面应用案例，阐述游戏化学习理念下海洋科普教育游戏的具体应用。在应用研究过程中，海洋教育服务平台建立教育游戏特性的学习环境，以学习者为中心，构建海洋故事讲述、海洋游戏场景等学习情境，提高学习者的学习成就情感。以问题解决为导向的海洋科普教育游戏学习策略，建构了海洋科学文化知识圈，探究了参与、挑战、合作和解决问题的数字学习游戏方法。

二、海洋科普教育游戏的学习情境应用

(一)海洋科普教育游戏的学习情境

在教育学和计算机软件研究领域中，学习情境是学习者学习理解、学习表现和学习动机的重要驱动因素。与传统教学模式相比，教育游戏是一种情境解决问题的环境，更加容易吸引学习者的关注和参与。海洋

科普教育游戏学习情境主要包括海洋故事讲述、海洋游戏场景和游戏反馈等功能模块，这些功能模块有助于海洋科普教育游戏与学习者之间建立情感联系，使海洋教育更具交互性和灵活性。其中，游戏反馈功能模块主要针对学习者在游戏环境中的行为提供反馈意见来改善海洋科普教育游戏学习情境。

（二）海洋科普教育游戏的学习情境应用目标

提高学习者的学习成就情感是海洋科普教育游戏的学习情境应用重要目标之一。在教育游戏学习情境中，学习者的学习成就情感来源于游戏学习活动和追求目标结果。学习情境应用过程主要将实现游戏目标与学习成就情感的体验联系起来，侧重于理解学习者对海洋科普教育游戏学习相关活动和结果的控制。其中，学习控制和价值评估是学习成就情感的关键认知要素。学习控制是指学习者对其能力（如学习技能）的信念，以及执行学习活动并达到其目标。学习价值观是学习者的角度下学习活动的价值，表现为成功或避免失败。学习活动的成功取决于各种学习情境元素的构成，例如奖励性游戏学习。为了提高学习者的学习成就情感，海洋科普教育游戏的学习情境需要合理设置问题解决数量、学习目标和学习时间等情境元素。

（三）海洋科普教育游戏的学习情境应用

海洋科普教育游戏的各种学习情境元素直接影响着学习者情感。学习者情感可以通过各种学习情境变量来体现。例如，在学习情境中，每个学习问题所花费的时间和每个学习问题给出的平均提示数，可以有效地确定学习者的目标和态度；学习者请求帮助的次数、学习表现和学习者退出的次数，可以用来参考确定学习者的动机；学习者鼠标的位置和停留时间，可用来推断学习者的注意力。海洋科普教育游戏的学习情境应用将游戏声音、动画和故事叙述等学习情境元素有效结合在一起，实现适应性、沉浸性和个性化的游戏化学习，创造出一种独特的情感体验。这种情感体验是海洋科普教育游戏吸引力的来源。

三、海洋科普教育游戏的学习策略应用

(一) 海洋科普教育游戏的学习策略

教育游戏是一种学习技能提高的机制，如果不能有效结合教育理论、学习策略和教学应用，海洋科普教育游戏就会失去支持学习的教育意义。基于海洋科普教育游戏的学习是一种交互式学习方法和主动式学习策略。海洋教育服务平台整合海洋科普教育内容和游戏元素，向学习者提供交互式的游戏学习策略。在海洋科普教育游戏的学习策略应用过程中，海洋教育服务平台将学习目标与适合这些学习目标的游戏元素类型相匹配。例如，萨尔瓦多风格游戏元素可以促进海洋科普教育标签信息和具体概念的学习；街机风格游戏元素适合用来提高海洋科普教育响应速度、自动化和可视化处理；纸牌游戏元素适合用来提高海洋科普教育匹配概念、操作数字和识别模式的能力；基于叙述驱动的开放式学习环境，以及冒险游戏元素等，则能促进海洋科普教育假设测试和问题解决。

(二) 以问题解决为导向的海洋科普教育游戏学习策略

以问题解决为导向的海洋科普教育游戏学习策略，让学习者能够参与解决复杂问题的任务和活动。在海洋科普教育游戏的学习策略应用方面，海洋教育服务平台使用问题解决的策略，设计支持学习动机的有趣问题，以问题解决为导向，鼓励学习者分析问题解决方案，并寻找更优的问题解决方案，从而增强学习者认知多样化的主动学习策略。例如，海底大冒险这些类型的任务挑战能最大限度激发学习者的兴趣，以问题解决为辅助手段，激发学习者的好奇心和满足感。基于海洋科普教育游戏的学习，将以问题解决为导向体验式学习与具有明确学习目标的游戏应用程序相结合，例如，海洋生态模拟游戏在帮助学习者理解海洋生态相关概念方面十分有效。学习者通过游戏角色加入到海洋生态模拟世界中，发现海洋生态问题、分析海洋生态问题和解决海洋生态问题，提高了其解决问题的能力。

(三)海洋科普教育游戏的协作学习策略

针对海洋科普教育复杂问题,例如海洋生态保护系统问题,海洋教育服务平台采用基于海洋科普教育游戏的问题协作策略。在实施海洋科普教育复杂问题的协作学习策略时,平台组织学习者形成 3~5 人的问题合作小组,提供一个交互式过程的教育支架,结合交互性的游戏元素,为基于游戏的协作学习提供机会。同时,海洋教育服务平台通过采用在线学习者响应系统,让学习者能够在各自的小组讨论、集思广益和解决问题。面对复杂问题的挑战,问题合作小组学习者的动机和参与度对学习者在游戏式学习中复杂问题解决能力的发展有着至关重要的影响。以问题为基础的海洋科普教育协作游戏,充分利用了具有吸引力和娱乐性的多媒体资源,且不附带额外的认知负荷,让学习者在课程中主动学习。

三、海洋科普教育游戏的学习课程设计应用

(一)考虑学习者需求和特点

海洋科普教育游戏的学习课程设计应用首先考虑学习者的需求和特点,让学习者积极参与整个学习过程,以实现有效学习。在学习课程设计应用中,海洋科普教育游戏向学习者展示游戏学习对话,介绍游戏学习情节和游戏学习挑战,帮助了解和掌握学习者的学习态度。在每场学习游戏的对话结束时,学习者可以通过自我报告反馈学习者的情绪和感受。根据学习者的反馈意见,海洋科普教育游戏设计者会改进学习课程设计应用策略,展开多轮迭代优化设计。学习者在新策略下可以继续进行游戏学习挑战互动,也可以继续提供改进后的反馈意见。海洋科普教育在多轮迭代的反馈中不断改进和排除缺陷,形成有效的学习课程设计应用策略。

(二)学习课程目标和规划指导

在海洋科普教育游戏应用过程中,学习课程设计环节制定合理的学习课程目标,将游戏内容与学习课程目标相融合,进一步刺激学习者进

行有效知识转移，避免被动或枯燥的学习过程，更有可能实现预期的学习课程目标。海洋科普教育游戏学习课程设计根据学习课程目标，设计相应的数字学习活动，添加游戏元素，将其嵌入到海洋科普教育游戏应用程序中，并对游戏应用程序进行预测性评估；选择更适合学习者需求的游戏场景，计划游戏时间，设置游戏空间和分配游戏资源，增强学习者的参与度和提高学习者的学习能力。海洋科普教育游戏学习课程设计还考虑了其他可接受的条件因素，如课程开发和技术支持因素，使用教育游戏应用程序测量学习者的行为和情绪、评估学习者的学习情况，支持学习者的游戏化学习，以达到学习课程目标。

(三)海洋科普教育游戏的学习课程设计应用

考虑到海洋科普教育游戏与学习课程设计的融合，海洋教育服务平台将游戏与学习课程联系起来，增强游戏沉浸体验、学习愉悦感和知识易用感知，让游戏化学习目标在海洋科普教育学习课程中更加清晰，引导学习者进行有效的知识转移，提升学习者的学习动机，将学习者被动学习转化为主动学习。游戏化的海洋科普教育学习课程整合进度跟踪系统、积分、挑战、音频、视觉、互动性、目标和内容呈现等游戏元素，给学习者带来更强烈的感觉冲击和更高的学习效率，可以提高学习者的参与度，以达到预期的学习目标。海洋科普教育游戏的学习课程设计应用实施可行的游戏化学习模式，针对不同的学习情境设计选择不同游戏化学习策略，为学习者搭建应用程序的教学支架，分配游戏学习资源，开展游戏化学习，为学习者的学习行为提供持续的动力支持。

四、海洋科普教育游戏的学习周期应用

海洋科普教育游戏的学习周期应用以现实的、建构主义的学习方法为教育理论架构，让学习者探索并解释海洋科普教育游戏中所发生的情形，建构海洋科学文化知识圈，并促进学习者趣味、韧性、协作和反思等良好心态。学习周期包含以下几个阶段：

(一)"参与"阶段

在"参与"阶段,海洋教育服务平台展示海洋科普教育游戏的规则和相关功能,向学习者介绍游戏学习活动的目的,邀请学习者参与讨论并探讨他们的想法,更多地了解学习者关于海洋的兴趣点。然后,学习者通过使用海洋科普教育游戏来学习一个新的概念,以促进好奇心和获取当前知识。海洋科普教育游戏帮助学习者将过去和现在的学习经历联系起来,并引导学习者对当前游戏学习活动预期成果的思维。在"参与"阶段,海洋教育服务平台支持学习者进行活动、问题或挑战,激发学习者的好奇心,激励学习者深入思考并促进持久性。

(二)"探索"阶段

在"探索"阶段,学习者接受海洋科普教育游戏模拟情境,体验海洋科学概念、海洋教育游戏"闯关"乐趣和海洋科学小实验游戏挑战。海洋教育服务平台将学习者的先前知识与游戏学习活动联系起来,用游戏科学小问题来引导他们,鼓励学习者调查知识新概念相关问题的原因,促进学习者知识概念的转变。此外,学习者在游戏学习活动中利用先前掌握的知识产生新的想法,进行初步调查,探索新问题及其可能性。在"探索"阶段,海洋教育服务平台提供学习资源和指导,通过提问和反馈推动学习者思考,促进学习者进行探索性学习。

(三)"解释"阶段

在"解释"阶段,学习者的注意力集中在他们所参与和探索海洋科普教育游戏的某一方面。学习者通过总结他们在"探索"阶段的发现,描述他们对海洋科学概念的理解,阐述他们"闯关"海洋教育游戏的技巧,并描述海洋科学小实验游戏的内容或过程展示他们对海洋科学概念的理解。在解释过程中,学习者自行决定什么是重要的,以及如何最好地传达他们的想法。通过将海洋科学概念融入自己的话语中,学习者有机会加深自己的理解。学习者对所发现的解释以及这些解释所揭示的想法为海洋教育服务平台应用提供评估意见。海洋教育服务平台可以通过向学习者提供对话提示,将海洋科学学术词汇叠加到学习者的想法上,侧重于他们所参与和探索的特定方面，为学习者创造更多展示他们对海洋科学概念的理解机会。

（四）"阐述"阶段

在"阐述"阶段，由于学习者在前期已接受了海洋科学理论概念、过程和技能的学习，现在他们需要进一步体验与海洋科普教育游戏新任务的知识。在这一阶段，学习者能够扩展他们所学的概念，并链接到其他相关概念，以新的方式将他们对概念的理解应用到现实世界中。此外，海洋教育服务平台通过开展额外的游戏活动，进一步挑战和扩展学习者对海洋科学概念的理解，这些游戏活动的重点是增加当前概念理解的广度和深度。学习者接受游戏新的体验，加深他们的理解，将建构的知识运用到新的情境中，进行详细阐述时，可以考虑诸如发展、扩展和增长等拓展性知识。此外，海洋教育服务平台为学习者提供更多阐述机会，让学习者继续将海洋科学理论概念与生活中的现实问题联系起来。

（五）"评估"阶段

在"评估"阶段，海洋教育服务平台对海洋科普教育游戏进行反思和评估。学习者提供自我评估报告，以确定他们对概念的理解程度，以及他们是否达到了预期学习结果。"评估"阶段旨在评估学习者实现课程目标的进展情况的信息。一个学习周期的结束是另一个新周期的开始。在一次学习周期迭代后，海洋教育服务平台加深对学习者理解，可以有助于塑造后续学习周期的方向。学习周期的迭代性是以学习者为中心的学习周期优化设计的重要因素。在这一阶段，学习者在海洋科普教育游戏的学习周期应用阶段得到相关评估，包括学习者的知识水平、批判性思维、自我效能、学习态度和学习满意度等多方面评估。海洋教育服务平台通过学习者背景和学习环境形成评估，跟踪学习者的学习过程，得出更加真实和准确的评估结果。

第六章　海洋教育服务平台运行机制

第一节　海洋教育服务平台学情诊断机制

一、提出问题

线上教育与传统线下教育模式具有很大的区别，前者提供了虚拟的教学环境和电子教科书等"非实体"教学资源，教师和学习者可以通过网络进行直播和线上交流来实现教学目标，后者拥有真实的教学场所和纸质教科书等"实体"教学资源，教师和学习者需要直接"面对面"来完成教学任务。在数字化信息时代，智能手机、电子阅读器和平板电脑等手持设备广泛使用，传统教科书的本质发生了变化。在 HTML5、VR 和4G/5G 等网络技术支撑下，传统教科书逐步拓展成数字化格式的教科书(又称为电子教科书)，线上教育平台能提供大量电子教科书，学习端可以通过网络轻松获取。在公共卫生安全突发事件下，例如新型冠状病毒肺炎疫情暴发，为了保障教师和学习者身体健康，教师和学习者需要人身隔离，学校和培训机构无法正常运行，此时线上教育发挥了重要作用，得到了大量应用和推广。当前，线上教育具有很明显的优势，但是线上教育模式的教育研究却远远滞后于线下教育模式相关研究。考虑到线上教育需求的多样性和复杂性，特别是有质量的个性化学习需求，线上教育平台需要根据学习者个性化学习情况提供有效的教育供给。为了精准评估学习者端线上学习情况，线上教育平台可以通过学情诊断这种教育方法来测量。本书以海洋教育服务平台为案例，开展了学情诊断与教育干预机制研究，在学情诊断基础上，引入教育干预机制，发挥线上教育平台及其技术工具服务的最大效能。

二、海洋教育服务平台学情诊断

(一) 学情诊断

学情诊断是指通过分析学习者的学习情况，发现学习问题，并分析问题因果关系，为实施干预做好准备。学情诊断最常用的教育测量方法就是分析学习者的学习情况。学习是一种含有认知活动、情感因素和心理运动等多维度的过程。例如在海洋教育中，学习不仅包括对海洋生物主题知识的习得(认知活动)，还包括学习海洋文化的情感和态度(情感因素)，以及参与海洋科技主题所出现的与自身经验相关的行为倾向(心理运动)。其中，学习认知活动也是一种包含知识获取、理解、应用、融合和评价等多维度过程。

学习过程是一个复杂的体系，学习者的认知活动、情感因素和心理运动三者之间相互影响，情感和心理行为的变化影响着认知的发展，同时，情感因素(如学习态度、知识观点)也会随着学习认知而发生变化，并引起心理行为的变化。例如，在海洋教育中，如果一个学习者长期生活在内陆，从来没有亲眼见过大海，其学习经历就会影响着其对大海的认知，进一步影响着其对海洋学习的情感因素，良好的情感因素(如感兴趣)会激发其对海洋的学习热情，而负面的情感因素(如乏味)则会阻碍学习者的学习行为。这时，我们通过学情诊断对学习者的学习行为进行分析，分析学习障碍主因，开展针对性教育干预，如提供教育游戏和心理辅导等动力机制，以此改善学习者的情感因素和心理行为，帮助学习者顺利完成相关教学任务。既然学习是一种含有认知活动、情感因素和心理运动等多维度的过程，学情诊断不但要关注学习者的学习成绩

（单一认知活动维度），还要充分考虑学习者的情感因素和心理运动等维度。

（二）海洋教育服务平台学情诊断过程

海洋教育服务平台学情诊断过程主要包括数据采集、学情数据整理、学情数据分析、学情诊断报告与教育干预五个阶段。海洋教育服务平台学情诊断过程将学习者的各方面学习信息抽象成"数字标签"，利用特征化的"数字标签"将学习者的学习状态具体化，有效勾画出学习者"数字可视化形象"，并依据学习者诉求，为学习者提供有针对性的教学服务，进行精准学习服务，提高海洋教育服务平台学习者粘性。

在数字化教育研究领域中，大数据得到了广泛的应用。海洋教育服务平台可以结合学习行为分析方法和教育大数据挖掘技术进行精准化学情诊断。精准化学情诊断过程运用学习监测和分析技术，全面地采集教学活动过程中直接产生的数据，如在线学习、考试和测评等，通过对水平测试评估、学习者反馈意见等数据进行记录、整理、分析，从冗杂的数据中发现相关联系，结合最近发展区等教育理论，对学习者基本信息、学习偏好、学习目标等建模分析，建立多维度数理统计模型，自动生成学情诊断报告，精准分析学情并实施教育干预。海洋教育服务平台学情诊断具体过程如图 6-1 所示，首先海洋教育服务平台对线上学习行为数据、线上学习测评数据和学习者感知调查数据等学情数据进行采集，然后进行学情数据选择、学情数据清理和学情数据变换等数据处理，接着开展学情基础数据分析、学情事件数据分析和学情质性分析等，在学情数据分析基础上，形成海洋教育服务平台学习者个性化学情诊断、平台应用和平台学情事件等学情诊断报告，海洋教育服务平台依据学情诊断报告进行教育干预。根据反馈意见，海洋教育服务平台又可以重新执行一次学情诊断循环，在不断的循环中调整和优化，最后形成线上教育最优方案。

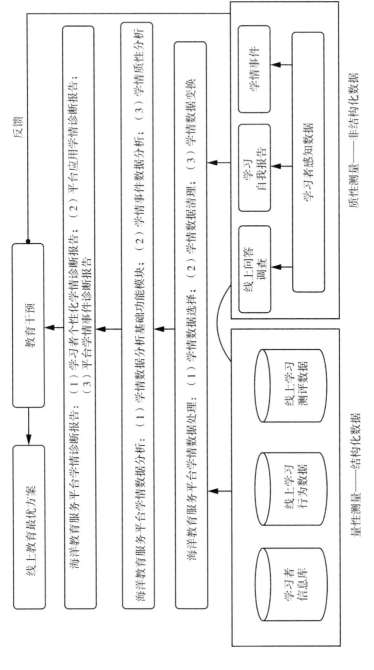

图6-1　海洋教育服务平台学情诊断过程

160

三、海洋教育服务平台学情数据采集

(一)线上学习行为数据

在教育大数据时代背景下，线上教育平台拥有大规模数字化学习信息和数据集群，线上学习行为数据具有采集方便性和数据可获得性优势，以及支撑学习分析研究的数据基础。由于数据获取便利性和数据可用性，学习行为采集技术可以为在线学习和交互提供更多的技术方案。在海洋教育服务平台中，线上学习行为数据收集对参与平台的学习者在学习过程中的各种操作行为进行了收集。线上学习行为数据主要包括学习者数据、线上使用数据、应用场景数据、留存数据、转化数据和知识分享传播数据等功能数据，具体行为数据主要有平台访问次数、在线时间、资源浏览、访问频率、信息发布、信息回复、作业提交、访问时间段和学习能力测验等各种类型的学习行为数据。在移动端程序应用方面，海洋教育服务平台利用数据统计分析工具，采集移动端程序的相关访问及学习者行为数据，从而提供多样化、实时的报表数据。

(二)线上学习测评数据(量化测量方法)

学习作为一种认知活动，测试是测量学习策略和评估线上学习行为的一种有效方式，其中测试成绩或分数是重要的测量指标，直接反映学习者的学习效果。为了准确获取线上学习测评数据，海洋教育服务平台设计和开发了线上学习测评功能模块。线上学习测评功能模块设置了详细数据字段，海洋教育服务平台线上学习测评 E-R 图如图6-2 所示。

海洋教育服务平台线上学习测评题型信息表如表 6-1 所示，信息表中设计了题型名称、题型含义、题型数量关系、题型解题思路和方法、题型描述等数据库字段。

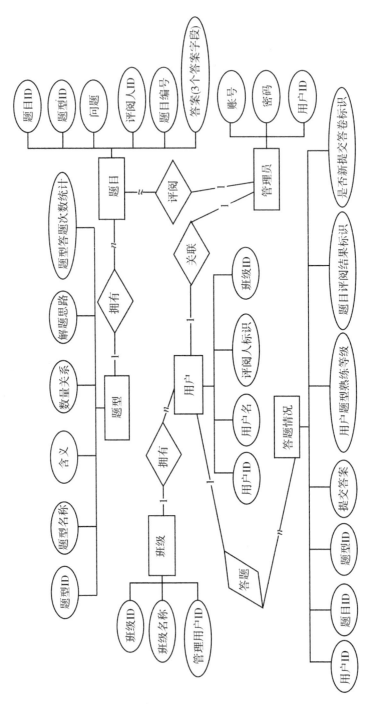

图6-2　海洋教育服务平台线上学习测评E-R图

表 6-1   **海洋教育服务平台线上学习测评题型信息表**

字段名	数据类型	长度	空否	说明
pattern_id	int	11	否	题型 ID，主键
name	varchar	30	否	题型名称
meaning	varchar	480	允许	题型含义
relation	varchar	480	允许	题型数量关系
solution	varchar	480	允许	题型解题思路和方法
description	varchar	480	允许	题型描述
answer_count	bigint	20	允许	题型答题次数

海洋教育服务平台线上学习测评题目信息表如表 6-2 所示，信息表中设计了题目编号、题目标题、题目描述、题目详细问题描述、所属题型 ID、评阅人 ID 和解法等数据库字段。

表 6-2   **海洋教育服务平台线上学习测评题目表**

字段名	数据类型	长度	空否	说明
subject_id	int	11	否	题目 ID，主键
subject_number	varchar	30	否	题目编号
title	varchar	240	允许	题目标题
description	varchar	240	允许	题目描述
question_detail	varchar	3000	否	题目详细问题描述
pattern_id	varchar	30	否	所属题型 ID
appraise_id	int	11	否	评阅人 ID（zpd_user 主键）
answer1	varchar	3000	否	解法 1
answer2	varchar	3000	允许	解法 2
answer3	varchar	3000	允许	解法 3

海洋教育服务平台线上学习测评用户答题情况表如表 6-3 所示，情况表主要记录用户的答题信息，包括上一次答题是否正确和本次答题评

阅人的评阅结果，设计了答题情况、用户、题目、题型、答案和掌握情况等数据库字段。

表 6-3　　　　　　海洋教育服务平台线上学习测评答题情况表

字段名	数据类型	长度	空否	说明
answer_detail_id	int	11	否	答题情况 ID，主键
user_id	int	11	否	ID
subject_id	int	11	否	题目 ID
pattern_id	int	11	否	题型 ID
answer	varchar	3000	否	答案
is_right1	bit	1	允许	是否正确
is_right2	bit	1	允许	是否正确
know_level	int	10	否	掌握情况
is_new	bit	1	否	是否是新纪录

(三)学习者感知调查数据(质性测量方法)

在线上学习行为数据采集中，线上问答调查和自我报告是学习者感知调查数据的重要组成部分。海洋教育服务平台通过创设带有分类量表和李克特 7 点量表封闭式问题的线上调查，以分类量表将参考者的反馈意见归类，将李克特 7 点量表用于检测学习者对线上教育平台的适应度(例如，1 = 很容易，7 = 很难)、平台的认同度(从 1 到 7 来评估，1 表示"一点也不"，7 表示"非常赞同")、学习者感兴趣程度值(例如，1 = 很讨厌，7 = 很喜欢)，李克特 7 点量表对封闭式问题设置一定的选择区间和中间选项，评分时采用区间数据平均值。学习者参与完成线上调查，也可以针对开放性问题撰写自我报告。自我报告主要是调查学习者对平台教学内容的选择和使用、线上学习习惯以及线上学习情况。评估报告采用"知觉学习 CAP 量表"来测量学习者的知觉学习。"知觉学习 CAP 量表"包含学习者的线上认知学习、线上情感学习和线上心理运动学习等分量表，测量学习者在线上学习认知活动、情感因素和心理运动三个维度的效度和信度。

四、海洋教育服务平台学情数据处理

随着智能技术、高性能计算和复杂数据处理等现代信息技术快速发展，数字化学习资源形态发生了重大变化，计算编码呈现新型化和复杂化。海洋教育服务平台学情数据处理主要包括学情数据选择、学情数据清理和学情数据变换。

（1）学情数据选择功能是对学情数据集去噪，选择符合条件的学情数据；

（2）学情数据清理功能是对学情数据集去重、填充数据缺失值；

（3）学情数据变换功能是对学情数据进行转换，满足学情统计分析的需要。

海洋教育服务平台学情数据处理的典型应用案例就是绘制以学习者为中心的学习行为画像，建立数字全局档案，利用学习行为画像，实现学习资源的个性化推送。合理的学习行为画像不仅为灵活、多样、个性化的内容和服务提供依据，还能基于数据分析进行准确定位和精准推送，改进用户体验，提高线上教育平台的教学效率与学习者的学习效率，并协助从标准化外部评价转向用户过程性评价与建设者自评相结合，进一步为海洋教育服务平台资源建设与体系完善提供支持。

五、海洋教育服务平台学情数据分析

（一）学情数据分析基础功能模块

海洋教育服务平台学情数据分析主要包括学习者分析、线上使用分析、应用场景分析、留存分析、转化分析、知识分享传播分析等数据分析基础功能模块，了解平台整体运行状况，分析教育平台的学习者来源、学习者构成、增长趋势、学习者留存与转化、教学资源使用行为习惯等系列问题。学情数据分析采用数据统计、相关分析、社交网络分析、可视化分析、聚类和异常值分析等学习行为分析方法，以数据驱动海洋教育服务平台学情诊断。

(二)学情事件数据分析

学情事件数据分析应注重分析学习者的页面浏览行为，网站地图中每一个节点单元就是一个页面。学情事件可以视为一次"菜单"的交互触发，比如学习者点击了"菜单"按钮；学情事件也可以视为一个判断逻辑，比如启动学习测试平台，进入测试页面或离开了当前页面。在移动应用程序的统计与分析过程中，事件的监控与分析对于了解和分析学习者的学习行为具有重要的借鉴作用。

学情事件数据分析学习者触发的某个具体行为，可以用次数度量。自定义学情事件可以分为短暂触发事件和持续触发事件两类。短暂触发事件指的是点击课程链接、触发更改资料操作、点击提交按钮等事件；持续触发事件指的是学习者播放教学视频、收听教学广播等持续一定时长的事件。

学情事件数据分析有两个重要参数：

(1)学情事件分类参数：将用户对事件的触发场景分成几种确切的类别，以便对学情事件进行详细的分析；

(2)计算学情事件参数：对于学情事件的某些特殊的指标，自定义分析字段。

(三)学情质性分析

学情质性分析主要调查学习者在使用海洋教育服务平台时的相关行为，针对开放式问题进行质性分析。为了增强质性分析的信度和效度，平台采用三段式方法(归纳—演绎—验证)、多元方差分析方法和相关性分析等方法。三段式方法通过归纳、演绎、验证性因素分析获得调查模型的拟合度。多元方差分析方法可用于学习水平差异性研究，观测学习水平变量和潜在变量以及对它们之间的相互关系进行描述和解释；相关性分析可以帮助平台分析学习者与学习成绩之间的相关性行为和表现，以便做出更科学的决策，改进教学策略过程。

调查编码方案制定以下一系列调查内容：①平台使用问题；②学习偏好和建议；③课程如何更有趣；④阻碍学习的因素；⑤在线学习的态度和观点；⑥学习自我效能感；⑦线上学习动机；⑧线上学习信念；⑨线上学习的局限性；⑩学习方法的有效性。

六、海洋教育服务平台学情诊断报告

（一）学习者个性化学情诊断报告

学习者个性化学情诊断报告根据需求差异性呈现学习者的学习过程、相关因子及其相互之间关系，反映学习者的可视化特征和情境化特征，支撑精准学习服务和教学服务。在绩效方面，学习者个性化学情诊断报告提供分析指标及报表的定制服务，满足个性化需求，一方面帮助学习者了解自己的学习状况，另一方面又能保障线上教育平台实施精准教学。学习者个性化学情诊断报告的主要目标是反思学习者学习过程中的负面因素，相应调整教学策略设计以及学习支持服务，克服学习障碍，促进学习者学习发展，用积极性的评价和措施激励学习者，增强学习者的自信心，为学习者提供合适的学习目标和个人优化方案，激发学习者学习和发展的欲望，提高其学习效率。因此，针对学习者的个性化学情诊断报告非常必要。

在精准化教育研究领域中，海洋教育服务平台学习者个性化学情诊断报告技术路线主要通过学习者知识点掌握情况，沉淀学情数据和指标，运用小波分析、决策树和聚类等计算科学技术方法，构建学习者"数字标签"库、在线学习行为分析库和学习能力评估库等，识别与聚类学习者的线上学习行为特征，采用切片式诊断现存问题，并预测学习行为发展趋势，针对教学干预措施和平衡教学资源提供指导意见，促进海洋教育服务平台教学管理科学化。学习者个性化学情诊断报告提供学习过程和数据的结果。海洋教育服务平台可视化学习者个性化学情诊断报告案例如图 6-3 所示，报告案例提供错题本、考试讲评报告、发展趋势和各种分析报告。报告案例中，学习者的特征利用柱形图、饼形图、学习成绩雷达图、列表等丰富的可视化报表展示，从横向与纵向、静态与动态等方面对海洋教育服务平台线上教育的教学质量、学习者的学习状况进行科学详尽的统计分析，形成历史学情对比，实现对学情质量及时有效的监控、诊断和反馈，将数据转化为有价值的信息，形成一个数字化的分析和总结。

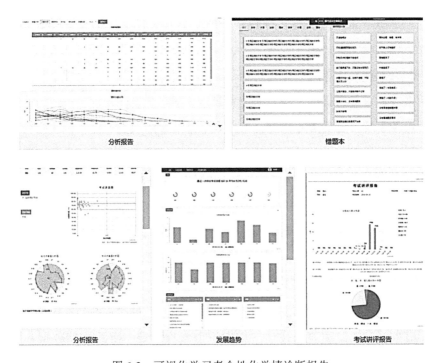

图 6-3　可视化学习者个性化学情诊断报告

(二)平台应用学情诊断报告

平台应用学情诊断报告主要包括以下内容：

(1)平台应用概况：通过平台数字仪表盘集中展现海洋教育应用的

关键数据指标和主要报表时间趋势变化图，掌握平台应用的数据表现。

（2）平台用户趋势报告：分析平台的新学员增量、新老学员构成比例等指标随时间的变化趋势，重点分析趋势高和低点出现的突发性问题。

（3）平台使用粘性：从活跃用户数、活跃度和流失用户数等统计维度，分析平台使用粘性。

（4）教学页面分析：展示各个教学页面的访次、停留时间和退出率等统计指标，评估教学页面受欢迎的程度。

（5）平台使用习惯分析：从平台访问深度、使用频率、使用时长和使用间隔等统计指标分析平台使用习惯特征，从而有针对性地进行平台优化和教育策略制定。

（6）教学场景概况：统计进入到教学程序的不同教学场景数据情况，教学场景的启动用户数，这些数据体现了该场景的规模，而人均启动次数、时长和跳出则体现了该教学场景的质量。

（7）留存报告：以分析再次启动程序的情况，监察学习者一个时段后，在留存表中查看留存数或留存率，评估平台用户粘性指标。

（8）教学转化漏斗：分析学习者在使用教学程序时的核心路径转化效果，监控转化漏斗的关键教学步骤的教学内容流量，分析教学步骤之间的流转关系，提升教学步骤的转化率。

（9）教学内容分享概况：分析教学内容被分享的粒度情况，包括被分享的人数、次数以及点击回流效果，评估教学程序社会化运行指标。

平台应用学情诊断报告分析案例图如图 6-4 和图 6-5 所示，报告分析案例图将统计数据和可视化图表相结合，让数据分析一目了然。

（三）平台学情事件诊断报告

平台学情事件诊断报告通过对学情事件的创建与监控，统计在学情事件下的触发用户数、触发次数等核心指标。学情事件主要统计分析维度包括：

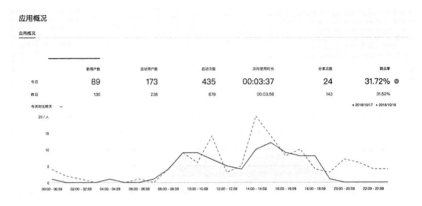

图 6-4　平台应用学情诊断报告分析案例(一)

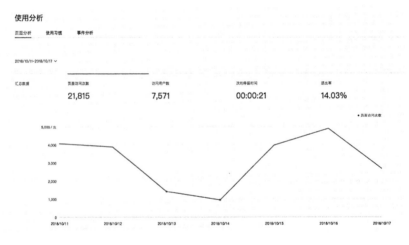

图 6-5　平台应用学情诊断报告分析案例(二)

(1)学情事件数量:在验证事件是否有数据发回时,可以即时查看该指标,也可以选择定义时间范围的事件指标结果;

(2)触发用户数:从用户层面分析事件的触发量,包括特定分群的学情事件触发情况;

(3)学情事件时长:结合不同的学情事件类型,来考察学情事件的质量,例如设置"教学视频播放"为考察学情事件时,可以通过用户视频播放总时长评估"教学视频播放"考察学情事件的质量。

以教育游戏事件诊断报告为例,平台创建每个教育游戏关卡任务的进入、失败、平均完成时间等指标,统计学习者在不同教育游戏等级的通关耗时和停滞情况,将教育游戏行为通过数据来量化。平台学情事件诊断报告案例如图6-6所示,报告自定义学情事件和相关错误学情事件分析,以个性化统计报表实现特定场景的分析和统计,针对教育游戏的错误状态进行汇总,帮助教育游戏进行更新迭代。报告反馈教育游戏任务和等级的设计合理性,制定更好的教育游戏传播机制,优化教育游戏体验感。

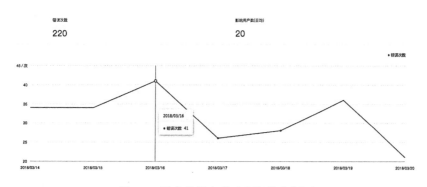

图6-6　平台学情事件诊断报告案例图

第二节　海洋教育服务平台教育干预机制

一、教育干预

教育干预重视学生个体差异,通过对教学方案与教学策略的设计和调整,进行教育引导和控制教学活动,整合学习认知、学习情绪和学习行为等方面干预方案，实现解决学生学习问题的目标。在学情诊断基础上，海洋教育服务平台前期通过分析学习者的学习情况，精准找出学习过程中存在的问题以及问题因果关系，为后期实施教育干预作好准备。例如，当发现高风险学习者（如考试不及格、退出课程）时，海洋教育服务平台根据学情诊断报告提出事实和问题，进行高风险学习者学习问题的评估，提出解决高风险学习者的学习问题建议，并采取相应措施进行教育干预。

在教育干预过程中，我们一方面在学习情感上积极鼓励学习者，另一方面为不同学习水平的学习者提供个性化支持和服务，在不同阶段的学习过程中，采取有效的在线学习干预策略和措施以降低学习风险。由于线上学习交互是异步的，海洋教育服务平台更需提供多样化和适当的学习资源（如教育游戏），设计适当的学习和讨论主题来吸引学习者积极参与讨论，同时，加强线上、线下学习之间的互动，实施学习认知、学习情绪和学习行为等方面的教育干预。

二、教育干预理论依据

（一）最近发展区理论

最近发展区理论由苏联心理学家维果斯基提出，是指"实际发展水平"与"潜在发展水平"之间的距离。其中"实际发展水平"是指单独解决问题的已有水平，"潜在发展水平"则是指在外力强有力的支持和干预下解决问题的水平。学习者发展可能的区间就是"实际发展水平"与"潜在发展水平"两者之间的差距。例如，学习者表现能力和实际学习成就存在一定的差异①。

依据最近发展区理论，教育界提出了支架式教学模式，研究人员从

①　魏惠琳，侯莹."同伴互助"模式下大学生英语学习兴趣研究［J］.语文学刊，2016（03）.

不同方面推动并发展了相关理论。由于最近发展区理论具有强大的研究生命力，教育工作者常常将它应用于教学研究理论指导。该理论揭示了教学、学习和发展三者之间的内在关联因素，是学习者目前尚未到达但有可能最大达成的一种学习状态，帮助其发挥学习潜能，为平台进行教育干预提供相关理论依据。

(二) 感知价值理论

感知价值理论强调认知因素对个体行为的影响。该理论是对个体行为决策机制的高度抽象。基于感知价值理论的个体行为决策机制和认知因素，平台在进行教育干预过程中要借鉴个体学习行动逻辑路径"学习认知→学习意愿→学习行为"的研究范式。由于结构方程模型的效应系数与系统动力学模型的变量系数具有一定共通性，教育干预路径可同时参考感知价值理论和结构方程模型研究范式，借力于系统动力学机制相关研究。

三、海洋教育服务平台教育干预策略

本书基于 Garrison 的动态认知模型，参考人工智能问题解决模型，为了促进预期的学习结果，提出面向批判性思维的教育干预策略。在线教育环境中，批判性思维是一个重要的"教育支架"，能有效利用好数字化信息平台的优势。批判性思维是一个问题解决过程，通过确定问题、分析事实、产生和组织想法、作出推论、探索问题的解决途径来提高解决问题的能力[1]。批判性思维是教育研究的一种重要方法论，为教育干预策略提供富有成果的指导意见。海洋教育服务平台教育干预策略如图 6-7 所示，第一阶段确定教育干预问题，第二阶段定义教育干预问题，第三阶段探究教育干预问题，第四阶段评价/应用教育干预问题，

---

[1]　熊剑. 在线学习环境下的协同知识建构：互动质量研究［J］. 中国教育信息化，2019(05).

第五阶段整合教育干预问题，最终形成教育干预策略，并在循环中不断优化。

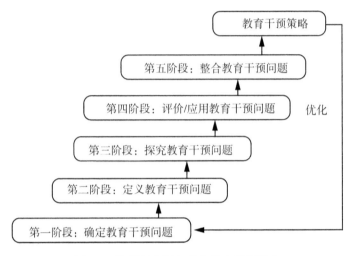

图 6-7　海洋教育服务平台教育干预策略

（一）第一阶段：确定教育干预问题

在确定教育干预问题阶段，海洋教育服务平台以确定一个具体问题（例如教育游戏干预）和收集相关信息开始，对于所收集的信息，鼓励平台成员积极参与，可以在线进行深度交互讨论，因为高质量的互动讨论更容易促成批判性思维和深层次学习。所讨论的教育干预问题（如教育游戏干预）要关注可用的信息，定义在一定范围内，不要定义过于广泛，导致偏离主题。海洋教育服务平台可以用"可视化思维"软件工具来引导讨论（例如用图表、示意图和矩阵列表可视化呈现讨论问题之间的相关性），海洋教育服务平台目前有什么信息？还需要补充什么信息？圈出客观信息，进一步确定教育干预问题。

（二）第二阶段：定义教育干预问题

在定义教育干预问题阶段，以教育游戏干预为案例，通过定义教育游戏干预问题的界限、目的和手段，首先确定教育游戏干预问题的相关变量(如教育游戏干预内涵、基本特征、结构、测量)中哪些是相关的，然后基于这些变量来发展论据，构建特定的论据，最后将论据填充到相应位置，考虑定义什么和决定实现什么，对教育干预问题结构进一步清晰化。

(三)第三阶段：探究教育干预问题

在探究教育干预问题阶段，用逻辑推理和创造性思维去扩展并超越对教育干预问题定义的理解，创造性地生成新的观点，提供教育干预各种可行性的解决方案。例如，在教育游戏干预中，可提出以下问题：海洋教育服务平台有什么技术方案可选择？体感教育游戏、角色扮演游戏、三维虚拟情境和二维动漫场景，还有其他解决方案吗？

(四)第四阶段：评价/应用教育干预问题

在评价/应用教育干预问题阶段，海洋教育服务平台对可行性的教育干预解决方案进行表达、鉴别和批判性评价，将教育干预解决方案应用到实际问题中去，判断前期解决方案能否有效地解决问题，其间会出现更多的新难点和新思路，在此过程中需要提出各种改进方法，并进一步将教育干预方法应用到实践中，从而形成相应的后期教育干预解决方案。

(五)第五阶段：整合教育干预问题

在整合教育干预问题阶段，海洋教育服务平台将后期解决方案与已有知识经验相整合，接收反馈意见，整合教育干预、设计理念、理论依据、干预机制设计、技术架构、测量取向和测量工具等知识方案，确认所提供的教育干预解决方案的有效性。

四、海洋教育服务平台教育干预路径

以海洋教育游戏干预为案例，根据儿童学习行为调节任务表和心理弹性评估工具 DECA-P2 量表评估特殊儿童和同龄儿童，特殊儿童在学习主动性、学习自我调节和学习行为调节能力等方面与同龄儿童存在明显差异，前者评估得分均落后于后者，隐藏着学习能力发展的不利因素。为了提升特殊儿童心理弹性水平，保证可持续发展的健康心理状态，平台采用海洋教育游戏干预的解决方案。海洋教育游戏干预路径如图 6-8 所示。借鉴个体学习行动逻辑路径"学习认知→学习意愿→学习行为"的研究范式，海洋教育游戏干预路径由学习主动性教育干预、学习自我调节教育干预、学习行为问题教育干预和学习行为调节能力教育干预等部分要素组成，通过激发兴趣和积极性、提高动机和参与度、设计叙事元素驱动、体验主人公角色、设计游戏反馈机制、有效设计游戏特征及游戏想象空间、调整训练难度等干预措施，实现学习行为干预正向积极效果。

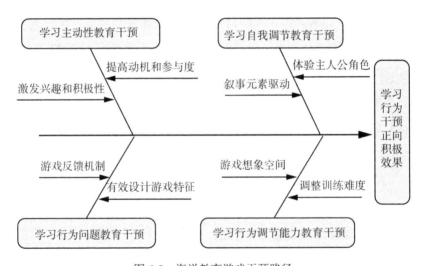

图 6-8　海洋教育游戏干预路径

在海洋教育游戏干预中，游戏的选材内容需与 DECA-P2 量表中学习主动性、学习自我调节、学习行为问题及学习行为调节等要素相契合。游戏以引人入胜的叙事元素通过增强现实可视化海洋环境引导特殊儿童对海洋世界进行探索和冒险。游戏的玩法高度自由，特殊儿童能够看到海洋系统中的各种海洋生物等，用自己的方式去观察、聆听和感知海洋，感受水流和海洋生物的声音。特殊儿童通过完成任务来解锁一切与海洋生态有关的元素（如海洋植物、海洋动物），然后利用这些解锁元素，根据自己的想象创造出属于自己的海洋世界。海洋教育游戏用户角色界面如图 6-9 所示，特殊儿童扮演游戏主角，在用户角色界面菜单指引下进行游戏活动。游戏情景训练系统以叙事驱动，在干预教程中调整训练场景和难度，寓教于乐，使干预更高效。

图 6-9　海洋教育游戏用户角色界面

海洋教育干预游戏使用 VR 技术手段模仿的海洋场景，3D 建模系统使视觉效果逼真，使用机器学习算法来虚构海底环境，使游戏画面优美。海洋教育游戏部分三维虚拟场景如图 6-10 所示。海洋教育干预游戏克服资源、时间、人力等自然条件方面的局限，将游戏想象空间与真实世界实践经验相联结，拓展特殊儿童对海洋世界的认识，增长特殊儿童学习认知经验。

图 6-10　海洋教育游戏三维虚拟场景之一

在实践中，海洋教育干预游戏在特殊儿童学习行为和心理弹性调节任务中，显现出了正向积极的效果。游戏干预能有效地提升特殊儿童心理弹性的发展，改善特殊儿童的社会性情绪和学习行为问题。有效的海洋教育游戏干预应包括以下几方面内容：

（1）海洋教育游戏的世界是自由的、快乐的，没有僵硬和紧张的压迫感。游戏能激发特殊儿童的兴趣和积极性，促使其努力掌握游戏所需的知识和技能。在游戏活动中，鼓励队员相互合作、竞赛和评价。游戏创造良好的空间、资源和氛围，让特殊儿童发现个人需求和兴趣点。

（2）游戏中的反馈机制对于培养特殊儿童能力至关重要，因为它们会告知孩子们是否正在朝着目标前进，许多因素，包括任务难度和游戏的可用性（如用户界面和导航功能），可能会促进或阻碍孩子的感知能力。在游戏环境中，特殊儿童需要相信他们正在接近游戏的预期结果。虽然游戏结果有一些不确定性，但特殊儿童所面临的挑战应该与他们所发展的技能相匹配，以便他们能够经历可实现的挑战。

（3）利用游戏的原则，甚至游戏本身作为工具，让特殊儿童代入角色，充分体验主人公的感受，来加强学习，提高特殊儿童的动机和参与度。把特殊儿童放在自己学习过程的核心，强调游戏故事中的核心信息，有效地设计游戏特征(互动、决策、乐趣、挑战、竞争等)，可以激发特殊儿童的更多兴趣，从而促进学习。基于游戏的机制、美学和游戏思维来吸引学习者、激发行动、促进学习和解决问题，除了提高动机外，游戏还旨在支持鼓励批判性思维、创造力、协作和沟通的技能，使特殊儿童的思维和态度发生转变。

第三节　海洋教育服务平台信息安全机制

一、问题的提出

云计算是当前信息技术发展的大趋势，也是教育信息化的重要技术架构。"教育云"是云计算技术在教育领域中的典型应用案例①。海洋教育服务平台要充分利用"教育云"高可用性、高扩展性和高访问性等技术优点，为学习者提供一个基于"云端教育"的海洋教育服务平台。"云端教育"是一种基于"互联网+教育"的应用模式，在公共卫生安全突发事件推动下，例如"新型冠状病毒肺炎"疫情暴发，"云端教育"的应用呈现快速发展趋势。"云端教育"用户数据的信息安全问题受到公众广泛关注。"云端教育"需要搭建横跨外部集群和内部集群的教育资源共享池架构。在教育资源共享池的架构下，用户数据特别是敏感性的数据(例如个人隐私数据)需要做好保密工作，以防数据误用和滥用导致用户数据泄露。在"云端"的线上教育平台面临数据保密和用户访问控制等安全问题，亟待构建可靠的信息安全机制。

---

① 胡卫星，徐多，赵苗苗．基于技术成熟度曲线的教育信息化发展热点分析[J]．现代教育技术，2018，28(1)．

二、海洋教育服务平台信息安全机制

(一) 数据安全保障机制

海洋教育服务平台信息安全工作面临新技术不断发展的机遇，充分利用好新技术优势，可有效解决目前教育资源共享的各种信息安全问题，使得"云端教育"不仅在技术层面而且在管理层面对海洋教育服务平台的管理发挥更好的作用。在教育云数据安全保障方案中，用户数据的传输和存储是关键环节。海洋教育服务平台为了满足用户数据存储和传输的安全性要求，设计并通过技术实现用户数据加密系统。平台加密系统基于同态加密和椭圆曲线算法，具有加密速度快和安全性高等技术优点；针对非实时用户数据量大的特点，平台加密系统采用私钥密码和公钥密码两者相结合的手段，实现非实时用户数据的保密传输和加密存储，适合"云端教育"快速部署的要求。

(二) 异构网络用户身份认证机制

基于全 IP 的异构融合网络是"互联网+教育"应用模式的重要网络架构，而网络用户身份认证是保障信息安全的关键环节。随着计算机网络规模不断扩大、网络应用技术不断创新和网络资源不断丰富，异构网络用户认证管理的应用问题日益突出。海洋教育服务平台通过建立异构网络用户身份认证系统来保证网络教育资源利用的合法性与安全性。用户认证系统提供网络用户身份认证和授权，达到阻止非法用户未经任何认证和授权就对网络资源进行访问的目的。用户身份通过认证后，取得相应网络访问授权。海洋教育服务平台异构网络用户身份认证系统在服务管理策略上应用不同等级的访问控制约束规则，为异构网络资源访问提供安全可靠和高效的网络服务。

三、数据安全——海洋教育服务平台加密系统

(一) 海洋教育服务平台加密系统设计

海洋教育服务平台加密系统基于计算复杂性数学难题理论的密码学技术，利用同态加密和椭圆曲线两种算法，对用户数据进行加密处理。

加密系统算法允许在没有解密算法和解密密钥的条件下对加密的用户数据进行运算。加密系统对用户数据中的明文信息经过分组和编码操作，将编码信息嵌入到复杂椭圆曲线上，使编码信息成为椭圆曲线有限群中的某个不固定的点，从而实现同态加密和椭圆曲线的数据混合加密①。海洋教育服务平台加密系统选择合理的密钥长，为平台提供的安全系数比较高。

　　海洋教育服务平台加密系统程序设计思路：综合同态加密和椭圆曲线两种算法的优点，在素数域上密码体质，自定义椭圆曲线相关参数，实现对平台重要用户数据进行加密操作，然后用匹配的密钥进行解密操作。海洋教育服务平台加密系统运行程序如图6-11所示。

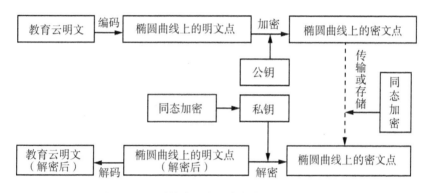

图6-11　海洋教育服务平台加密系统运行程序

(二)海洋教育服务平台加密系统实现

1. 海洋教育服务平台加密系统加密算法

海洋教育服务平台加密系统加密算法如图6-12所示。

　　海洋教育服务平台加密系统加密过程中，设 α，$\beta \in Fp^m$，α 和 β 进行多项式整数系数相乘，接着进行域 Fp 系数和多项式 f 约减，具体数学

---

　　① 户占良. 椭圆曲线密码体制的研究与应用[J]. 山西师范大学学报(自然科学版)，2010，24(3).

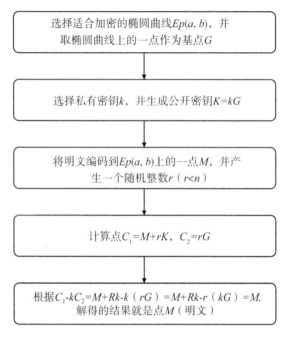

图 6-12　海洋教育服务平台加密系统加密算法

公式表达如下：

$$c(z) = \alpha(z)\beta(z) = \left(\sum_{i=0}^{m-1}\alpha_i z^i\right)\left(\sum_{j=0}^{m-1}\beta_j z^i\right) \tag{1}$$

　　加密系统结合同态加密技术，对解密所用私钥进行高强度加密，同时利用同态加密技术对个人隐私数据进行加密，算法的同态性保证用户对敏感数据进行操作时也不会泄露数据信息。

　　2. 加密系统的数字签名

　　数字签名的主要作用是保证用户数据的完整性、真实性和认可性。海洋教育服务平台加密系统签名方案的全域杂凑变体，公钥（n，e）和私钥 d，消息 M 的签名如下：

$$S = m^d \bmod n \tag{2}$$

　　其中，$m = H(M)$，H 是杂凑函数，输出是区间 $[0, n-1]$ 内的整数。加密平台签名操作，签名者计算公式如下：

$$S_p = m^{dp} \bmod p \text{ 和 } s_q = m^{dq} \bmod q \tag{3}$$

其中，p 和 q 是 n 的素因子，$d_p = d \bmod (p-1)$，$d_q = d \bmod (q-1)$。
签名 s 的计算通过 $s = as_p + bs_q \bmod n$ 来完成，其中 α 和 β 是满足以下公式的整数：

$$\alpha \equiv \begin{cases} 1(\bmod p) \\ 0(\bmod q) \end{cases}, \quad \beta \equiv \begin{cases} 1(\bmod p) \\ 0(\bmod q) \end{cases} \tag{4}$$

加密系统从消息 M 转到消息表示 m 的消息形式时加入部分随机信息，以防范特殊故障分析攻击，加强系统数字签名的安全性。

(三)教育云海洋科普资源加密平台案例

以"云端教育"用户个人隐私数据保护为例，海洋教育服务平台利用加密系统对用户个人隐私数据进行加密。用户个人隐私数据的明文如图 6-13 所示，通过服务平台利用加密系统处理后，生成用户个人隐私数据的密文如图 6-14 所示。用户个人隐私数据的密文呈现乱码状态，导致无法正常识别，从而防范数据信息泄露。海洋教育服务平台加密系统能快速生成符合条件的密钥，具有良好的数据加密效果，满足用户数据高安全性的要求。

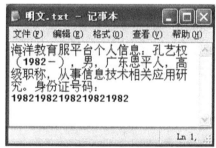

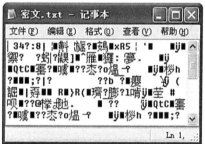

图 6-13　用户个人隐私数据的明文　　图 6-14　用户个人隐私数据的密文

四、身份认证——海洋教育服务平台身份认证系统

(一)海洋教育服务平台身份认证系统结构

异构网络身份认证系统为海洋教育服务平台提供一种身份安全管理

机制。海洋教育服务平台身份认证系统结构由访问终端、服务协议和应用服务端三部分组成。该认证系统主要提供以下功能服务：用户身份通过认证后，取得相应网络访问授权。异构网络用户身份认证系统在服务管理策略上应用不同等级的访问控制约束规则，为异构网络资源访问提供安全可靠和高效的网络服务。

（二）异构网络身份认证系统工作机制

1. 异构网络身份认证系统认证流程

异构网络身份认证系统认证流程如图 6-15 所示，认证系统采用网络访问控制设备附带认证的功能对用户请求进行认证。异构网络身份认证系统包含了用户认证和应用授权两个关键应用。用户需要在混合网接入端输入个人信息到认证系统，认证系统负责认证和应用授权，保证了网络教育资源利用的合法性与安全性。

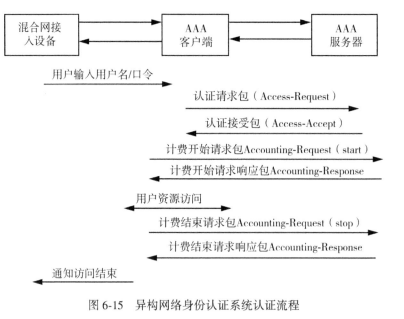

图 6-15　异构网络身份认证系统认证流程

2. 异构网络身份认证系统工作机制

异构网络身份认证系统工作机制如图 6-16 所示，终端计算机首先向以太网交换机或无线 AP 发送认证申请命令，接着该认证申请命令被递交到认证服务器，认证服务器执行异构网络身份认证程序，判断终端计算机认证申请命令是否授权，并授权指令或不授权指令通过原链路返回给终端计算机，获得授权指令的终端就可以取得相应网络访问权限。

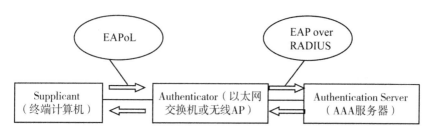

图 6-16　异构网络身份认证系统工作机制

(三) 海洋教育服务平台身份认证系统实现

1. 实验仿真平台

异构网络身份认证系统网络拓扑结构如图 6-17 所示，实验仿真平台创建的客户端包含有线接入电脑及无线接入 AP；交换机由接入层交换机和汇聚层交换机组成，边界路由器布置在互联网出口上，Radius 服务器是用来对网络用户进行访问控制的认证服务器。

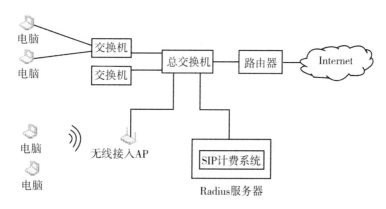

图 6-17　异构网络身份认证系统网络拓扑结构

异构网络身份认证系统的实现与配置过程：①Radius 接入服务器系统的安装；②在 Windows Server 2008 的服务器上安装 WinRadius 或 SIP 等认证计费软件；③在客户端安装 802.1x 拨号认证软件。实验仿真平台通过"Vmware""DynamipsGui""c3640-is-mz. 124-10. bin"等计算机软件模拟出相应的设备。异构网络身份认证系统网络配置命令如下所示：

aaa new-mode

aaa authentication dot1x default group radius

//设置 AAA 认证

dot1x system-auth-control　//允许 802.1x

interface FastEthernet0／1//指定交换机端口（多个端口

interface range fastEthernet0／1-24）

switchport mode access

dot1x port-control auto　//指定该端口启用 802.1x

dot1x max-req 3

spanning-tree portfast

//指定 AAA 认证服务器

radius-server host 1.2.3.4 auth-port 1812 acct-port 1813 key radius_string

radius-server vsa send authentication

//配置本地用户名口令,以便在带外服务器不可用时能够访问交换机

swithch(confing)//username cisco password cisco

//配置 SSH

swithch (config)//ipdomain-name cisco.com

swithch (config)//crypto key generate rsa

//配置交换机,使得只能通过 SSH 以带内方式访问交换机

swithch (config)//line vty 0 15

swithch (config-line)//transport input ssh

2. 实验结果及分析

海洋教育服务平台身份认证系统按实验仿真设计要求组合起来进行单元测试,确保各单元组合在一起后能够按既定意图协作运行。平台基于网络认证协议的体系结构使用连接请求口令挑战码方法进行认证。AAA 服务器数据库中设置不同权限角色的用户名,例如学生角色群组为"student-group",教师角色群组为"teacher-group"。除了用户名和密码是基本的认证信息,平台还可以对该用户的物理位置、有效期限等信息进行附加认证。

在网络测试中,用户通过基于网络身份认证系统的认证后,就可以取得相应端口的网络访问授权,达到阻止非法用户未经身份认证对平台进行访问的目的。平台通过管理系统实现对用户身份认证和访问策略等进行服务管理,在服务管理策略上应用身份认证控制约束规则,为异构网络资源身份认证提供安全可靠和高效的网络服务。

第四节 海洋教育服务平台网络冗余机制

一、问题的提出

"云端教育"平台网络是由多种类型网络节点组成的一个复杂的网络生态系统。一个性能可靠、稳固、高效的"云端教育"平台网络可以促进网络生态系统良好发展。随着"云端教育"推进过程中,其平台网络也暴露出各式各样的问题和隐患,例如平台网络可用性和扩展性低,单点故障容易发生,导致平台网络全局正常运行受到影响等。作为"云端教育"各种子系统运行的物理基础结构,平台网络承载着保障"软件"(信息服务系统)正常运转的"硬件"任务。

在复杂的网络生态系统中,功能日渐完备,结构更加复杂,高性能和稳定兼备的"云端教育"平台网络建设显得尤为重要。为了满足"云端教育"大规模访问和海量数据交互的要求,平台网络的高效稳定运行必须从技术层面和管理层面得到重视和建设。以海洋教育服务平台网络架构为例，本书对平台网络生态系统中关键节点进行网络冗余设计，可以有效保障平台网络的稳固运行和数据服务。

二、海洋教育服务平台网络冗余机制

针对"云端教育"平台网络的组网特性，海洋教育服务平台整合"热备份路由协议""快速生成树协议""路由重分布""动态路由协议"和"静态路由协议"等网络技术，设计一个具有冗余容错、负载均衡特性的多出口平台网络拓扑，构建网络链路冗余机制、网络路由冗余机制和网络结构冗余机制等网络冗余机制，为海洋教育服务平台网络的高效稳定运行提供保证。

(一) 网络链路冗余机制

为提高网络链路冗余性，平台网络的骨干链路域由核心层和汇聚层之间的链路共同组成。平台网络的核心层设备和汇聚层设备两者之间采用全交叉链接方式。全交叉链接方式比较符合骨干链路域的冗余性和可靠性要求。平台网络的接入层交换机与核心层交换机也采用全交叉连接方式。在网络出口边界区域，核心层交换机与出口路由器采用双链路连接机制，当一条链路失效时，备份链路自动切换，保障网络链路冗余。

(二) 网络路由冗余机制

网络路由冗余机制结合静态路由和动态路由两种路由协议，对平台网络骨干节点进行路由协议配置。在核心层交换机上运行开放式最短路径优先动态路由协议，使其充当整体平台网络的路由骨干，负责各个子网间路由之间的交互通信。在出口静态路由的配置过程中，平台遵循冗余备份思想，使用浮动静态路由备份机制，从而较好地保证当出口主路由失效时出口备份路由能立即响应，并接替路由出口工作。

(三) 网络结构冗余机制

在网络结构冗余机制中，"双核心"(由两个核心网络节点组成)网络结构具有高可靠和稳定的优点，能够有效地避免单一核心架构容易出现的网络瓶颈和单点故障问题。在"双核心"网络结构基础上，平台部署实现设备冗余、链路冗余和网关冗余。作为全网的路由骨干，核心网络节点采用"热备份路由协议"来保证网关的不间断工作，为平台网络主机提供路由网关备份。"热备份路由协议"机制不仅保障网络节点冗余备份，而且还能实现网络节点数据流量负载均衡。

三、海洋教育服务平台网络冗余设计特性

(一)标准化和一致性

海洋教育服务平台网络冗余设计必须严格依据国际和国家相关技术标准规范，科学合理地进行网络架构规划、链路冗余设计、流量负载设计等工作，以确保网络具有强大的网络承载能力。基于标准化设计的基础，平台网络选用先进成熟的组网技术保障网络的可靠运行，保证平台网络的各个系统子网一致性，互联互通和共享信息。

(二)可扩展性和兼容性

在设计"云端教育"平台网络时，平台秉持可持续发展的理念。在满足当前应用规模和应用需求的同时，平台网络需要预留一定的优化扩展空间，以适应将来业务需求的增长、平台功能的变化或者网络新技术的发展。在兼容性方面，平台网络要解决网络扩展前后的兼容性问题，确保平台网络无缝对接。

(三)易操作性和可行性

平台网络进行各种规划和设计，最终目的是为了实现并应用它。如果前期规划和设计过于复杂，不便于具体实现，这样的规划和设计便失去了意义。再者，某一部分设计在具体实现过程中，不能影响平台网络系统整体的正常运行。此外，实现过程中采取的措施和手段应易于操作，否则会导致预期设计目标无法实现。

(四)可靠性和安全性

基于"云端教育"平台网络建设和应用的实践，规划和制定一套较

189

为切实可行的、可靠性和安全性兼顾的设计方案。①平台网络采用合理的拓扑架构形式，确保平台网络在运行过程中的连续性和扩展过程中的可靠性；②平台网络应对关键部分进行冗余配置，以减少系统故障时间和降低故障发生概率；③平台网络选用适当的通信协议，使得平台网络具备较强的通信能力；④平台网络确保安全性的要求。

四、海洋教育服务平台网络冗余设计

(一)出口网络冗余架构设计

出口网络是外部网络和内部网络的连接"桥梁"。出口网络冗余架构设计图如图6-18所示，平台网络在网络出口边界处部署两台出口路由器、防火墙和核心交换机。其中，出口路由器通过单链路模式上行连接到 ISP 路由器，并通过双链路模式下行连接两台防火墙；同时，防火墙通过双链路模式下行连接到核心交换机。

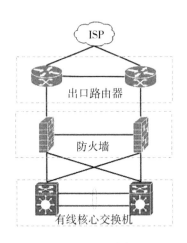

图 6-18　出口网络冗余架构设计图

在路由通信方面，平台网络采用动态路由协议和静态路由协议来实现路由畅通。出口路由器和 ISP 路由器将分别启用动态路由协议，实现各子网之间的路由通信。因为网络链路通信是全双工双向模式，出口路由器需要配置静态路由协议，将应用层数据包传送到 ISP 路由器，同时 ISP 路由器设置通往两台出口路由器的静态路由，为平台网络访问互联网生成路由路径表。

（二）有线网络冗余架构设计

有线网络是平台网络业务的承载主体，具有系统结构复杂、使用规模庞大和运行负荷水平高的特点，这些特点又易于转化为平台网络可靠稳定运行的不利因素。有线网络冗余架构设计图如图 6-19 所示，平台网络利用网络架构层次化方法，把有线网络规划成有线终端、接入交换机、汇聚交换机和有线核心交换机等结构层次，合理化网络结构和简化网络管理复杂度。层次化的网络架构具有以下优点：当网络故障发生时，管理者只需到相应的故障层查找并解决问题，有目的地将故障限定在特定管理层区域，达到隔离故障的效果，提高平台网络容错效率。

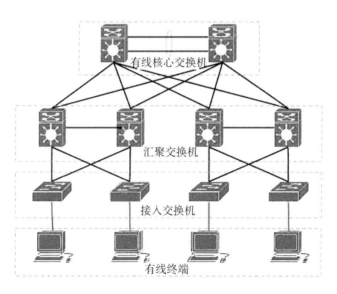

图 6-19　有线网络冗余架构设计图

为了提高有线网络的冗余性，平台网络在有线网络架构上运用网络节点链路聚合模式。该模式将不同网络节点的两个或多个以太端口汇聚成一个聚合端口，实现不同网络节点之间的链路动态聚合。动态链路聚合是经链路聚合控制协议自动协商形成并维护状态。动态聚合链路机制具有以下优点：当某成员链路发生网络故障时，备份成员链路就立刻运转，不会导致聚合链路整体失效，可较好地解决核心网络节点的单点失效问题，提高平台网络的可靠性。

（三）无线网络冗余架构设计

无线网络有效突破了传统网络布线的限制，为用户提供方便和快捷的移动网络互连。无线网络冗余架构设计图如图 6-20 所示，作为有线网络的扩充和延伸，无线网络实行独立管理模式，除了通过无线核心设备实现与有线网络区域的互联外，在网络节点链路的设置上完全独立于有线网络区域。在网络架构设计方面，平台对无线网络采用方法。整个无线网络区域尽量减少对汇聚层节点的设计，只考虑核心层节点和接入层节点的部署。扁平化设计的二层网络架构具有以下优点：一是精简网

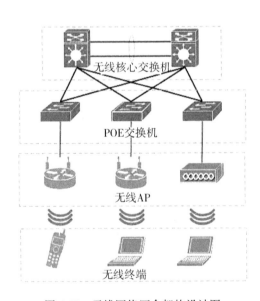

图 6-20　无线网络冗余架构设计图

络拓扑，减少相应的故障点；二是在保持三层网络架构原有管理幅度基础上，削减管理层次，减少网络配置工作量，降低出错概率。

无线网络自上而下划分为核心层和接入层两大主体部分。核心层由两台无线核心交换机组成，通过链路与有线核心交换机链接，实现有线网络区域与无线网络区域的互联互通。两台无线核心交换机经过链路聚合形成全冗余的无线网络核心，保证无线网络的数据高速交换和路由快速收敛。无线网络的接入层部署多台 PoE 交换机（Power over Ethernet，以太网供电），每台 PoE 交换机与无线核心层交换机建立连接，通过链路下连到无线 AP（Wireless Access Poin，无线接入点），提供骨干链路的备份，保证无线网络的稳定连接。

五、平台网络冗余"子网络"路由设计

平台网络冗余"子网络"路由设计图如图 6-21 所示，将平台整体网络划分为出口网络区域子网、有线网络区域子网、无线网络区域子网、网信中心区域子网等四个子网络。平台网络冗余"子网络"路由设计采

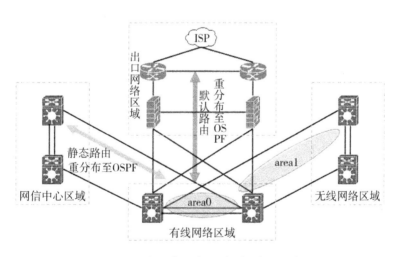

图 6-21 平台网络冗余"子网络"路由设计图

用区域划分的办法，从路由层面将平台网络划分为路由骨干区域和路由非骨干区域。因为有线网络区域子网是平台网络的主体部分，在物理上与其他区域子网连通起来，所以有线网络区域子网定义为路由骨干区域，将其余三个区域子网定义为非路由骨干区域。

参 考 文 献

[1]崔凤.中国海洋社会学研究 2013 年卷(总第 1 卷)[M].北京：社会
　科学文献出版社，2013.

[2]苏皓东.科普普及的不仅仅是科技知识[J].科技风，2019(04).

[3]杨峰，等.基于 Web 服务的海洋矢量场远程可视化研究[J].地球
　信息科学，2008，10(6).

[4]郭雪，姜晓轶，康林冲.虚拟海洋场景构建与技术研究[J].海洋通
　报，2018，37(6).

[5]陈戈，李文庆，李小宁.交互式 VR-Ocean 虚拟海洋环境与生命仿
　真平台的设计与实现[J].中国海洋大学学报(自然科学版)，2009
　(5).

[6]赵新华，孙尧.虚拟现实技术在虚拟海洋环境中的应用[J].应用科
　技，2006，33(10).

[7]张峰，等.数字海洋可视化系统研究与实现[J].海洋通报(英文
　版)，2011，13(1).

[8]孙晓宇，吕婷婷，高义.基于时空维度的海洋预报产品可视化方法
　分析与应用[J].海洋预报，2016，33(3).

[9]祝智庭，李锋.教育可计算化的理论模型与分析框架[J].电化教育
　研究，2016，37(1).

[10]陆雪梅."图书馆+"思维的知识空间建设比较研究[J].图书馆学
　研究，2017(08).

[11]张诗博."数字人文"背景下雷州文化研究数字化的发展对策[J].广东海洋大学学报，2015，35(5).

[12]让"海洋"二字真正走进深圳人的心里[N].晶报，2020-01-09.

[13]陈韶阳，刘玉龙，程镇燕.基于价值分析的南沙群岛开发利用前景研究[J].安徽农业科学，2012，40(35).

[14]孔艺权.南沙群岛海洋教育软件的构建及教学应用[J].教育现代化，2019，6(07).

[15]余胜泉.从数字教育到智慧教育[J].中小学信息技术教育，2014(9).

[16]余胜泉.推进技术与教育的双向融合——《教育信息化十年发展规划(2011—2020年)》解读[J].中国电化教育，2012(5).

[17]吴涛，金义富，张子石.云计算时代虚拟学习社区的特征分析——以未来教育空间站为例[J].电化教育研究，2013，34(1).

[18]金义富，王伟东，张子石.未来教育空间站设计与运行模式研究[J].电化教育研究，2012(9).

[19]肖希明，唐义.信息生态理论与公共数字文化资源整合[J].图书馆建设，2014(3).

[20]张立敏，等.基于未来教育空间站的课堂生态系统研究[J].中国电化教育，2017(08).

[21]曾茂林.教育场视野中的教育技术原理[J].现代教育技术，2011，21(9).

[22]朱德全，许丽丽.技术与生命之维的耦合：未来教育旨归[J].中国电化教育，2019(09).

[23]牛鑫瑞，游细斌.列斐伏尔空间生产理论的转型期县城消费空间研究——以赣州市大余县为例[J].赣南师范学院学报，2015，36(3).

[24]黄大军.元空间的解码与新空间的探寻——当代西方空间理论的主题研究[J].湖北民族学院学报(哲学社会科学版)，2018，36(1).

［25］张旭芳．高校教师知识管理系统的研究与设计［D］．北京：北京交
　　　通大学，2009.

［26］程志．基于 SECI 模型移动学习在教师专业发展中的应用研究［J］.
　　　现代教育科学，2016(03).

［27］曾睿，万力勇，国桂环．微博在教育知识管理中的应用模型研
　　　究［J］.中国远程教育，2011(15).

［28］由丽萍．面向中文信息处理的框架语义分析［M］.北京：经济科学
　　　出版社，2013.

［29］张婧，韩旸．NSTL 综合运维管理系统应用实践［J］.数字图书馆论
　　　坛，2016(07).

［30］孔艺权，金义富．面向语义 Web 智能实验教学辅助系统的研
　　　发［J］.实验技术与管理，2011，28(11).

［31］孔艺权．基于人工智能的海洋教育虚拟实验系统构建与应用［J］.
　　　长春师范大学学报，2019，38(08).

［32］孔艺权．基于语义云实验资源共享平台的研究［J］.实验室研究与
　　　探索，2012，31(07).

［33］冯成，陈智敏．领域本体建模方法的研究［J］.科学技术与工程，
　　　2009，9(02).

［34］李景，苏晓鹭，钱平．构建领域本体的方法［J］.计算机与农业
　　　(综合版)，2003(07).

［35］万韬．基于 Cluster-FCA-Merge 算法的本体构造［D］.长沙：中南大
　　　学，2010.

［36］闫志明，等．教育人工智能(EAI)的内涵、关键技术与应用趋
　　　势——美国《为人工智能的未来做好准备》和《国家人工智能研发战
　　　略规划》报告解析［J］.远程教育杂志，2017，35(01).

［37］刘兴堂，等．仿真科学技术及工程［M］.北京：科学出版
　　　社，2013.

［38］Lei Ma，et al. Emotional computing based on cross-modal fusion and edge network data incentive[J]. Personal and Ubiquitous Computing, 2019, 23(3).

[39][波兰]亚历山大·布尔斯基(Aleksander Byrski)，等．智能建模与仿真技术[M]．蒋培，等，译．北京：国防工业出版社，2015．

[40]潘旭东，等．基于 AR 技术的机械制造工艺课程设计教学辅助系统开发[J]．实验技术与管理，2017，34(10)．

[41]卫华．对图书馆知识服务的思考[J]．福建社科情报，2007(6)．

[42]李淑龙．基于知识服务的高校图书馆文化建设[J]．中国科教创新导刊，2010(26)．

[43]柯平．后知识服务时代：理念、视域与转型[J]．图书情报工作，2019，63(1)．

[44]马兰花，石学云．2006—2013 年我国学习障碍研究热点领域分析[J]．中国特殊教育，2014(11)．

[45]《中国教育科学》编辑部．中国教育科学 2016 年第 1 辑[M]．北京：人民教育出版社，2016．

[46] Elena Baralis, et al. CAS-Mine：providing personalized services in context-aware applications by means of generalized rules [J]. Knowledge and Information Systems, 2011, 28(2).

[47] S. Sagayaraj, M. Santhoshkumar. Heterogeneous ensemble learning method for personalized semantic web service recommendation [J]. International Journal of Information Technology, 2020.

[48] Danae Pla Karidi, Yannis Stavrakas, Yannis Vassiliou. Tweet and followee personalized recommendations based on knowledge graphs[J]. Journal of Ambient Intelligence and Humanized Computing, 2018, 9 (6).

[49]陈其晖，凌培亮，萧蕴诗．基于改进微粒群优化的学习路径优化控制方法[J]．计算机工程，2008，34(4)．

［50］郝兆杰，潘林．高校教师翻转课堂教学胜任力模型构建研究——兼及"人工智能+"背景下的教学新思考［J］．远程教育杂志，2017，35(6)．

［51］Sungho Sim，Myeongyun Cho．A study on Web service supporting mobility of users using ICT-based autonomous feedback knowledge information［J］．Personal and Ubiquitous Computing，2019．

［52］时平．秉承中国人的海权意识提升海洋强国的软实力［J］．上海城市管理，2018，27(3)．

［53］孟显丽．海洋强国战略视域下的海洋意识教育——《我们的海洋》编辑手记［J］．出版广角，2018(15)．

［54］谢曙光．学术出版研究——中国学术图书质量与学术出版能力评价［M］．北京：社会科学文献出版社，2018．

［55］陈卯纯，孙薇，赵小惠．物联网智能家居中的人机交互［J］．包装工程，2014，35(02)．

［56］董建明，等．人机交互［M］．北京：清华大学出版社，2016．

［57］张煜．"互联网+教育"背景下的智慧课程建设［J］．现代职业教育，2019(24)．

［58］冯园园．基于众包模式的图书馆社会化媒体服务体系构建研究［J］．四川图书馆学报，2017(06)．

［59］王子舟．图书馆学的基本概念与核心概念［J］．中国图书馆学报，2001(3)．

［60］陈浩义．企业技术创新过程中的信息作用机理研究［J］．图书情报工作，2010(2)．

［61］余文森．个体知识与公共知识［M］．北京：教育科学出版社，2010．

［62］姜永常，陶颖．论知识服务质量的全面控制［J］．中国图书馆学报，2005，31(1)．

[63] Niklas Altermark, Emil Edenborg. Visualizing the included subject: photography, progress narratives and intellectual disability [J]. Subjectivity, 2018, 11(4).

[64] 唐良荣. 计算机导论[M]. 北京：清华大学出版社, 2015.

[65] 刘红刚. 基于 SVG 的一次接线图绘制系统的设计与实现[D]. 杭州：浙江大学, 2008.

[66] 杨海泉. 露天煤矿生产大数据的分析与可视化应用[J]. 神华科技, 2018, 16(01).

[67] 南国农, 等. 教育传播学[M]. 北京：高等教育出版社, 2005.

[68] 吴绍艳. 基于复杂系统理论的工程项目管理协同机制与方法研究[D]. 天津：天津大学, 2006.

[69] 李克东. 可视化学习行动研究[J]. 教育信息技术, 2016(22).

[70] 万晶晶. 基于知识图谱的我国产学研合作研究现状分析[J]. 情报探索, 2014(07).

[71] 顾金土. 社会时空分析的类型、范例及特点[J]. 人文杂志, 2013(7).

[72] 蔡宁伟. 中国社会信用建设的瓶颈与治理思路[J]. 金融理论探索, 2016(04).

[73] [美]凯蒂·伯尔纳, 等. 数据可视化实用教程[M]. 嵇美云, 等, 译. 北京：清华大学出版社, 2017.

[74] 李明涛, 王晓燕, 刘文竹. 潮河流域景观格局与非点源污染负荷关系研究[J]. 环境科学学报, 2013, 33(8).

[75] 李琨, 张华礼. 潮白河畔千帆竞　铸魂育人五十春——顺义区基础教育五十年漫谈[J]. 北京教育(普教版), 1999(09).

[76] 郭玲玲. 学习风格与在线学习行为之间的关系研究[D]. 济南：山东师范大学, 2007.

［77］刘炜杰．人机共建：职业教育专业课程"翻转课堂"的适应性学习——以《液压传动》为例［J］．江苏教育研究（职教（C版）），2015（07）．

［78］张颖春．中国咨询机构的政府决策咨询功能研究［M］．天津：天津人民出版社，2013．

［79］张蓓．超市农产品陈列策略探讨——基于AIDA模型的思考［J］．北京工商大学学报：社会科学版，2010（4）．

［80］王栩然，等．人工智能在用户网络智能升级及迁转中的应用［J］．江苏通信，2019（04）．

［81］张燕，梁涛，张剑平．场馆学习的评价：资源与学习的视角［J］．现代教育技术，2015（10）．

［82］金晖．网站与手机App原型设计［M］．广州：华南理工大学出版社，2017．

［83］鲍雪莹，赵宇翔．跨学科视角下游戏化研究对用户信息素养培育的启示［J］．图书馆学研究，2015（19）．

［84］俞立中，丽娃文脉．华东师范大学人文社会科学六十年获奖成果荟萃（下）［M］．上海：华东师范大学出版社，2011．

［85］徐杰，等．国际游戏化学习研究热点透视及对我国的启示与借鉴——基于Computers ＆ Education（2013—2017）载文分析［J］．远程教育杂志，2018，36（6）．

［86］谢忠新．学前教育现代教育技术［M］．上海：复旦大学出版社，2013．

［87］尚俊杰，等．游戏的力量［M］．北京：北京大学出版社，2012．

［88］陈韶阳．基于SAVEE方法的南沙群岛权益和战略价值评价［J］．中国渔业经济，2011，29（3）．

［89］冀海波．海上明珠：魅力天成的奇趣海岛［M］．石家庄：河北科学技术出版社，2017．

［90］赵成文，等．哲学概论［M］．北京：北京理工大学出版社，2017．

［91］姚永红．新媒体时代英语多模态教学模式架构［M］．长春：东北师范大学出版社，2018．

［92］赵淑江．海洋藻类生态学［M］．北京：海洋出版社，2014．

［93］刘琼．"后教育时代"的新兴教学媒体——国内"教育游戏"相关硕士论文综述［J］．远程教育杂志，2011（1）．

［94］刘洋等．海洋行政管理［M］．南京：东南大学出版社，2017．

［95］王秀，伍忠杰．浅论计算机辅助教学中的意义构建［J］．四川教育学院学报，2006，22（B12）．

［96］李芒等．教育学科 SSCI 论文解析［M］．北京：科学出版社，2016．

［97］郁健．基于未来教室的互动地理课堂探索——以人教版地理七年级上册《世界气候》教学实践为例［J］．中国教育信息化，2016（22）．

［98］CDA 数据分析师．百度游戏统计工具上线，抢滩移动大数据市场份额［EB/OL］．http：//cda．pinggu．org/view/2974．html．

［99］魏惠琳，侯莹．"同伴互助"模式下大学生英语学习兴趣研究［J］．语文学刊，2016（03）．

［100］熊剑．在线学习环境下的协同知识建构：互动质量研究［J］．中国教育信息化，2019（05）．

［101］北京师范大学教育技术学院学术委员会．教育技术研究新进展：第1辑［M］．北京师范大学出版社，2010．

［102］［美］卡尔·M．卡普，等．游戏，让学习高效［M］．陈陈，译．北京：机械工业出版社，2017．

［103］胡卫星，徐多，赵苗苗．基于技术成熟度曲线的教育信息化发展热点分析［J］．现代教育技术，2018，28（1）．

［104］赵鹏飞．RADIUS 认证在校园网管理中的应用［J］．才智，2009（12）．

［105］户占良．椭圆曲线密码体制的研究与应用［J］．山西师范大学学报（自然科学版），2010，24（3）．

［106］曾萍，等．一种基于 HECRT 的物联网密钥管理方案［J］．计算机
工程，2014，40(8)．

［107］郭宁，等．软件工程实用教程［M］．北京：人民邮电出版
社，2006.